前 言

设计是为人服务的，那么，它的核心就是人。人类拥有创意思维的能力，善于思考、不断尝试，用双手去实践与创造。从猿变成人正是通过对自己生存发展方式的再设计，走出自然界，所以人在天性上就热衷于设计。设计承载了对人类精神和心灵慰藉的重任。

当今社会，市场竞争日趋激烈，如何在竞争中出奇制胜，好的创意无疑是最重要的手段。创意思维能力的培养也得到了越来越多的关注。上海工艺美术职业学院产品艺术设计专业从行业入手，通过对不同产品领域及方向的设计流程调研，针对不同企业的生产任务进行考察，提炼出"设计思考能力、2D 沟通能力、3D 执行能力、模型塑造能力"四项核心能力，并逐步形成基于工作流程的课程体系。产品创意思维训练是以能力为本位的核心课程。在课程设置中，理论教学以实际设计过程为载体进行融合释放，强化课程学习与企业设计真实环境的联系，避免教学成果和市场需求脱节。在课程教学中，通过动手、实验、体验等一系列创意活动，抛开学生的思维束缚，培养学生创造性的思维能力，提升学生提出问题的能力和设计思考能力。

近年来，上海工艺美术职业学院产品艺术设计专业在国际交流、合作中与德国德累斯顿工业大学、柏林艺术大学展开项目教学合作。2016 年，由上海工艺美术职业学院产品艺术设计专业主持完成了国家教学资源库建设，该资源库以智慧职教平台（www.icve.com.cn）为在线教学平台，完成了本专业的主要岗位能力课程资源库建设。

本书由上海工艺美术职业学院张渺担任主编，上海工艺美术职业学院金一歌、向进武以及广东轻工职业技术学院伏波担任副主编。具体编写分工如下：金一歌负责编写第 1 章，张渺负责编写第 2 章，向进武负责编写第 3 章，伏波负责编写第 4 章。本书的编者教龄都在十年以上，并长期担任产品艺术设计专业产品创意思维训练课程主讲老师。本书内容符合设计类院校产品艺术设计专业创意类基础课程、产品设计课程、能力拓展课程的要求。

本书在编写过程中得到了上海工艺美术职业学院老师与学生的极大帮助与支持，特别是王华杰老师、郑德宏老师为本书的编写提供了优秀设计案例，在此表示诚挚的谢意！本书资料的一小部分是通过互联网获得的，在此向相关作者表示感谢。

由于时间仓促，加之编者水平有限，错讹之处尚望广大读者宽宥、指正！

编 者

2019 年 3 月

高等职业教育艺术设计类专业系列规划教材

产品创意思维训练

张　渺　主编

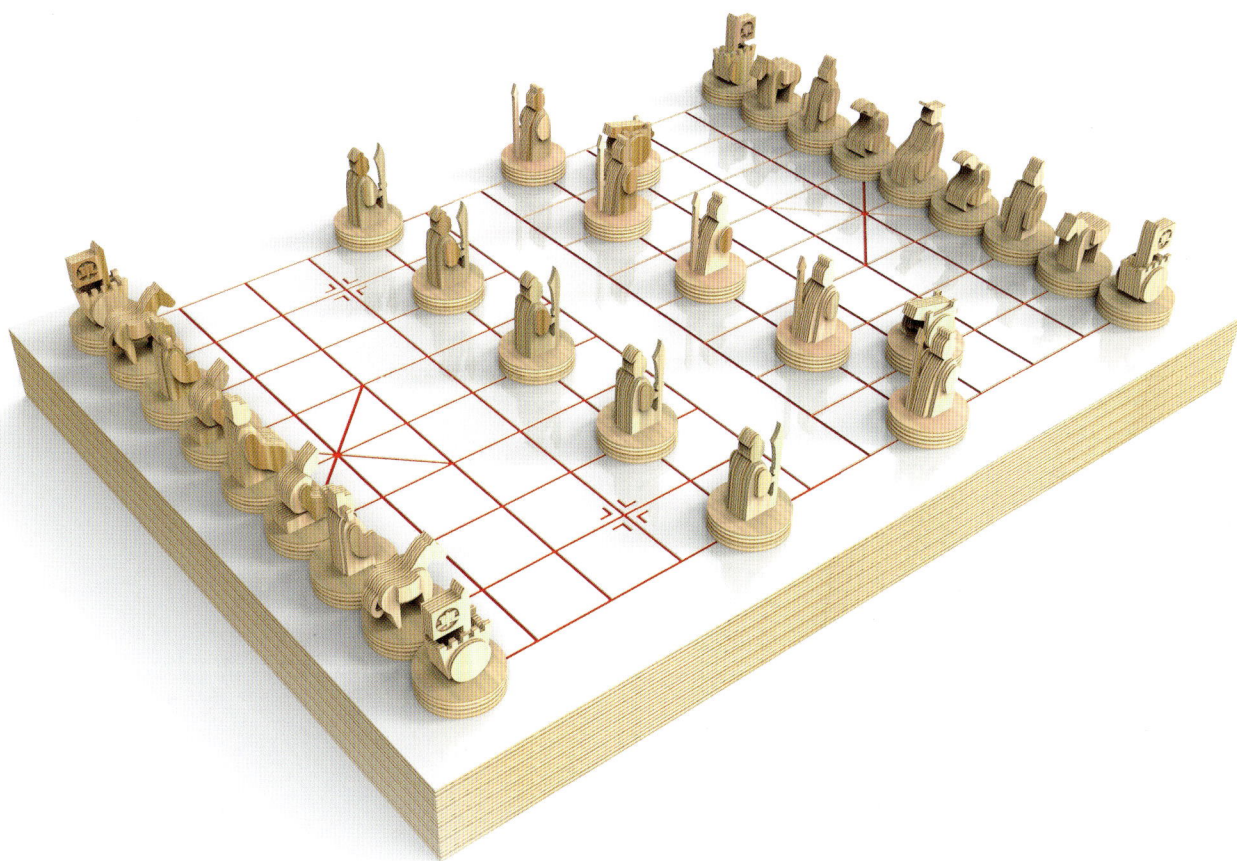

WUHAN UNIVERSITY PRESS
武汉大学出版社

图书在版编目(CIP)数据

产品创意思维训练/张渺主编 . —武汉:武汉大学出版社,2019.7
高等职业教育艺术设计类专业系列规划教材
ISBN 978-7-307-20730-1

Ⅰ.产…　Ⅱ.张…　Ⅲ.产品设计—高等职业教育—教材　Ⅳ.TB472

中国版本图书馆 CIP 数据核字(2019)第 027049 号

责任编辑:邓　瑶　杜筱娜　　责任校对:方竞男　　装帧设计:范　英

出版发行:**武汉大学出版社**　　(430072　武昌　珞珈山)
　　　　　(电子邮箱:whu_publish@163.com　网址:www.stmpress.cn)
印刷:武汉市金港彩印有限公司
开本:880×1230　1/16　印张:8　字数:233 千字
版次:2019 年 7 月第 1 版　　2019 年 7 月第 1 次印刷
ISBN 978-7-307-20730-1　　定价:48.00 元

目 录
CONTENTS

目 录

数字资源目录

认知篇

（初级能力培养）

chapter

1
激发想象力
的游戏

想象力比知识更重要，因为知识是有限的，而想象力概括着世界的一切，推动着进步，并且是知识进化的源泉。严格地说，想象力是科学研究中的实在因素。

——爱因斯坦

项目目标

提升学生对产品创意思维的认知能力与理解能力；培养学生通过发散性思维（非逻辑性思考的方法）来有效扩展思维的空间；让学生建立自我认知，运用好奇心、洞察力与想象力来激发创意。

项目描述

通过理论与案例讲授，学生从单一的习惯性思维模式脱离出来，转变成具有多条"思维线"的思维模式。此外，本章还能够为初学者"怎样学习设计"找到门道。

从设计起步

1. 设计的本质

设计是一种思维方式，是用敏锐的洞察力，以及多角度的综合思考，从发现问题到找出解决问题的方法。无论是表面上看到的 logo、包装、造型、外观，还是策略、城市布局规划，都是一种设计思考。

2. 思考的本质

富有创造性的人虽然和别人看到同样的事物，却能想到不同的事情。

思考是一种有目的性的心理活动（支配脑中的活动）。所谓思考，就是有助于我们叙述或解决一个问题，做一个决定，或理解事物的心理活动。思考包括多种心理活动：观察、记忆、回忆、怀疑、想象、质问、解释、评估和判断等（图1-1~图1-3）。

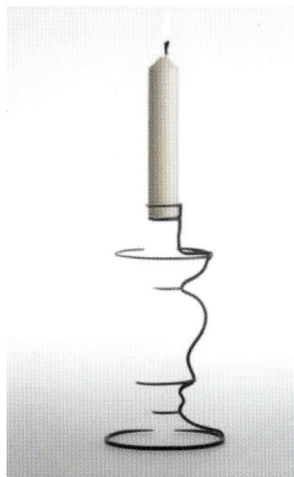

图 1-1 │ 图 1-2
图 1-3

图 1-1 设计思考　　图 1-2 想象簇生出优秀产品　　图 1-3 质疑一切可能

经过适当的训练，任何人都可以提高其思考能力。改变思考的习惯才能提高思考的效率。听过的会忘记，看过的会记得，做过的才会印象深刻。

适当的训练游戏，是培养好的思考习惯的有效手段（表1-1）。

表1-1	好的思考与不好的思考对比	
	思考产生阶段	思考评断阶段
好的思考	从各种角度观察问题； 尽可能提出所有解决方法	找出缺点并改进； 把结论建立在证据上
不好的思考	只从有限的角度观察问题； 只停顿在少数的想法上	过早地批判； 以感觉来下结论

创意思维训练的目的在于帮助设计师抛开思想束缚，释放创造力。这种方式能通过自由联想和创意构思刺激设计师跳出"盒子"想问题，独辟蹊径找到问题的解决方案。因此，产生的想法并不拘泥于问题的实际逻辑关系，可以真正做到天马行空。

想要创新，不但需要具备巧妙的创意，而且需要制订周密、详尽且不乏弹性的计划，并付诸实践，持之以恒地去执行。如图1-4~图1-17所示，优秀设计的诞生，离不开好的创意思维能力。

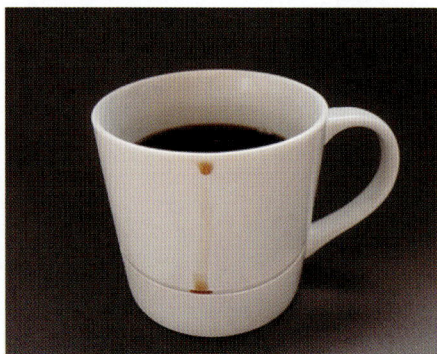

图 1-4 新材料刀具
图 1-5 新材料座椅
图 1-6 防渍咖啡杯

图 1-4
图 1-5 | 图 1-6

Darth Black　　Rebel Silver

SPOON **&** CHOPSTICKS

MULTI-**FUNCTIONAL**

图 1–7 铅笔（红点设计大奖）

图 1–8 瑞典设计师 Gustav 经典蜻蜓系列办公文具

图 1–9 餐具

图 1–10 椅子

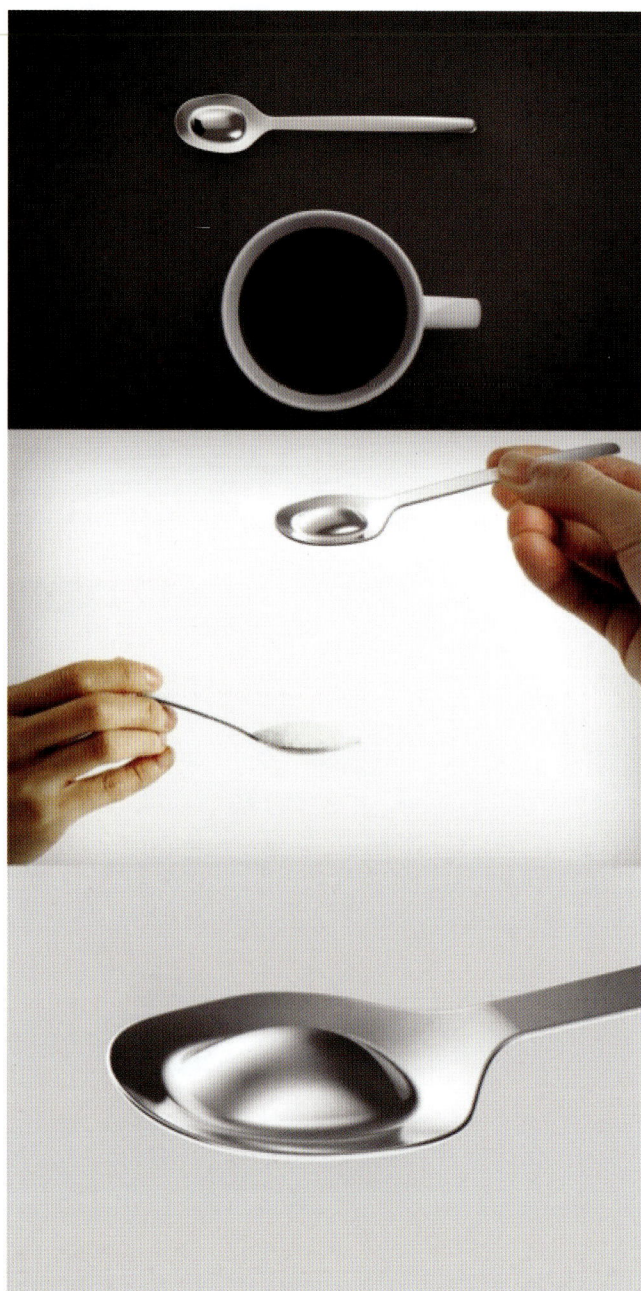

图 1-11 ｜ 图 1-12

图 1-11 创意果盘
图 1-12 控制摄取量汤匙

图 1-13 | 图 1-14
图 1-15 | 图 1-16

图 1-13 创意时针
图 1-14 创意座椅
图 1-15 创意咖啡杯
图 1-16 使用新材料的时针

图 1-17 易收纳扫帚簸箕套装

1.2

创意思考的方法

在生活和学习中，对事物的判断和理解容易产生固定的思维模式，这样的固定思维模式会阻碍我们发现新事物的进程，打破固定的思维模式才能有新的发现。

通过创意思考，可以了解思维定式和创造性思维的特点，并掌握打破思维定式及创造性解决问题的要领。

1. 思维导图法

对于设计初学者来说，面对海量的信息，可能会手足无措，苦思冥想也找不到解决办法。思维导图是由英国心理学家托尼·博赞（Tony Buzan）在20世纪60年代初发明的思维工具，其特点是发散性思考的具体化，使用颜色、图像、线条、关键词，遵循一套简单自然、易被大脑接受的描绘形式。

思维导图是一种视觉表达形式，展示了围绕同一主题的发散思维与创意之间的相互关系。放射性思考是人类大脑的自然思考方式，每一种进入大脑的资料，无论是感觉、记忆还是想法（文字、数字、符号、事物、香气、线条、色彩、意象、节奏等），都可以成为一个思考中心，并由此思考中心向外发散出成千上万的分支，每个分支代表与思考中心主题的联结，而每一个联结又可以成为另一个主题，再向外发散出成千上万的分支。这些分支可以视为记忆，也就是个人的数据库。图 1-18 所示为上海市地铁交通示意图，这是很好的思维导图法的应用。

图 1-18 上海市地铁交通示意图

同时，思维导图善用左右脑的功能，并使用颜色、图像、符号，提高设计师的创造力。

（1）何时使用此方法。

头脑风暴可用于设计过程中的每个阶段。在确立了设计问题和设计要求之后的概念创意阶段最为适用。头脑风暴执行过程中有一个至关重要的原则，即不要过早否定任何创意。因此，在进行头脑风暴时，参与者可以暂时忽略设计要求的限制。当然，也可以针对某一个特定的设计要求进行一次头脑风暴。例如，可以针对"如何使我们的产品更节能"进行一次头脑风暴。

（2）如何使用此方法。

思维导图是一种锻炼设计师直觉能力的绝佳手段。围绕一个中心问题，思维导图中的几个主要枝干可以是不同的解决方案。每个主干皆有若干分支，用于陈述该方案的优势与劣势。

当你有一个核心思想或中心目标，希望找出具体的实现方法或解决方案时，就需要使用此方法。围绕该中心，通过发散思维从不同角度来推理。最好先确定大的方向，再通过分支进行具体描述。

（3）主要流程。

步骤一：将主题的名称或描述写在空白纸张的中央，并将其圈起来。

步骤二：对该主题的每个方面进行头脑风暴，绘制从中心向外发散的线条并将自己的想法置于不同的线条上。所有线条图仿佛是一条条驶离城市中心的道路。

步骤三：根据需要在主线上增加分支。

步骤四：使用一些额外的视觉技巧，例如，用不同的颜色标记几条思维主干，用图形标记关键词语或者出现频率较高的想法，用线条连接相似的想法等。

步骤五：研究思维导图，从中找出各个想法相互间的关系，并提出解决方案。

（4）绘制思维导图的要点。

突出重点——尽量多采用图像符号，因为图像能够自动地吸引眼睛和大脑的注意力。除了图像外，要尽量使用颜色或者通过层次的变化以及间隔的设置、线条的粗细变化等方式，突出思维导图的重点。

发挥联想——联想是改善记忆和提高创造力的一个重要因素，是记忆和理解的关键。使用颜色和符号，如箭头、圆圈、三角、下画线等，引发联想。

条理清晰——清晰的思维导图能给人以美感，强调感知力。文字书写尽量工整，线条要有粗细之分，如与主题相连的线条要粗，图形符号要清楚，能够表达相应的含义。

2. 头脑风暴法

头脑风暴是训练、记录好的思考的重要手段和方法。

头脑风暴是一种激发参与者产生大量创意的特殊方法。在头脑风暴过程中，参与者必须遵守活动规则与程序。它是众多创造性思考方法中的一种，该方法的假设前提为"数量成就质量"。

（1）何时使用此方法？

头脑风暴可用于设计过程中的每个阶段，但在确立了设计问题和设计要求之后的概念创意阶段最为适用。头脑风暴执行过程中有一个至关重要的原则，即不要过早否定任何创意。因此，在进行头脑风暴时，参与者可以暂时忽略设计要求的限制。当然，也可以针对某一个特定的设计要求进行一次头脑风暴。例如，可以针对"如何使我们的产品更节能"进行一次头脑风暴。

（2）如何使用此方法？

头脑风暴一般由一组成员参与，参与人数以4~15人为宜。在头脑风暴过程中，必须严格遵循以下四个原则。

延迟批判：在进行头脑风暴时，每位参与者尽量不考虑诸如实用性、重要性、可行性等因素，尽量不要对不同的想法提出异议或批评。该原则可以确保最后能产出大量不可预想的新创意。同时也能确保每位参与者不会觉得自己受到侵犯或者受到他人的影响。

鼓励"随心所欲"：可以提出任何能想到的想法，"内容越广越好"。必须营造一个让参与者感到舒心与安全的氛围。

"1+1=3"：鼓励参与者对他人提出的想法进行补充与改进。尽量以其他参与者的想法为基础，提出更好的想法。

追求数量：头脑风暴的基本前提假设就是"数量成就质量"。在头脑风暴时，由于参与者以极快的节奏抛出大量的想法，参与者很少有机会挑剔他人的想法。

（3）主要流程。

步骤一：定义问题。拟一份问题说明，例如所有问句以"如何"开头。挑选参与人员，并为整个活动制作流程，其中必须包含时间轴和需要用到的方法。提前召集参与人员开一次会，解释方法和规则。如果有必要，可能需要重新定义问题。在头脑风暴正式开始前，先在白板上写下问题说明以及上述四项原则。主持人提出一个启发性的问题，并将参与者的反馈写在白板上。

步骤二：从问题出发，发散思维。一旦生成了许多创意，就需要所有参与者一同选出最具前景或最有意思的想法并进行归类。一般来说，这个选择过程需要借助一些设计标准。

步骤三：将所有的创意都列在一个清单中，对得出的创意进行评估并归类。

步骤四：聚合思维。选择最令人满意的创意或创意组合，带入下一个设计环节。

以上步骤可以通过以下三个不同的媒介来完成。

说：口语头脑风暴。

写：书面头脑风暴。

画：绘图头脑风暴。

（4）方法的局限性。

头脑风暴最适宜解决相对简单且开放的问题。对于一些复杂的问题，可以针对每个细分问题进行头脑风暴。

头脑风暴不适宜解决对专业性知识要求极强的问题。不要在头脑风暴期间随意否定任何想法或意见，鼓励所有参与者发言。

拓展学习1

头脑风暴法

头脑风暴法介绍及17种头脑风暴法推荐请扫描上方二维码查看。

学习活动1：视觉化的遐想

任务训练1：思维导图训练

（假如人类不需要睡眠／假如不停地下雨／假如天上有两个太阳／假如我有翅膀等）

任务内容：

打破思维定式，改变看问题的方式，让学生掌握使思维清晰到不可思议的整理术。

任务要求：

（1）教师提供一个思考主题，学生用图形的形式进行发散表达。

（2）改变思维定式，重启及调整看待问题的方式。

知识点：

人与自然的关系、人与物的关系、人与情感的关系。

能力点：

创造力，左右脑共同思考的能力。

教学方法：

运用问题导向性的行动导向教学方法。

考核要点：

（1）思维清晰、视角独特。

（2）充分运用颜色、图像、符号，提升思维整理的效果。

（3）思考准确合理，很好地体现人与自然的关系、人与物的关系、人与情感的关系。

考核方法：

（1）作品创意部分45%。

（2）设计制作部分40%。

（3）作品阐述部分15%。

参考学时：

4学时。

图1-19所示为思维导图示范。

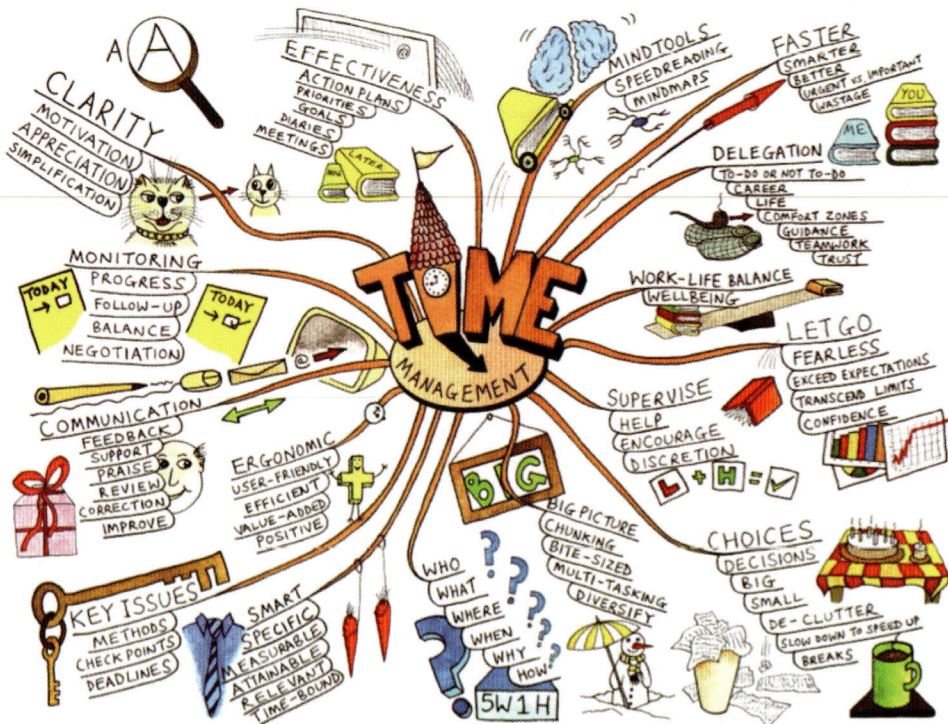

图 1-19 思维导图示范

拓展学习2

章俊杰及素生

品牌介绍及作品欣赏请扫描上方二维码查看。

学习活动2：打破思维定式

任务训练2：慢生活的思考

任务内容：

激发思维火花，针对慢生活设计方向进行一次头脑风暴。

任务要求：

（1）从问题出发，发散思维。

（2）文字书写尽量工整、清晰。

（3）充分发掘每一个人的想法，数量成就质量。

（4）激发思维，针对主题问题展开讨论，找到解决办法。

知识点：

突出重点、发挥联想、条理清晰。

能力点：

团队合作能力、设计构思归纳能力和设计想象能力。

教学方法：

头脑风暴法。

考核要点：

（1）内容越多越好，有一定的数量。

（2）追求视觉化效果；尽量多采用图像、符号、颜色、线条；图形符号要清楚，能够表达相应的含义。

（3）聚合思维整理出结论或找到新的论点，展开新的讨论。

考核方法：

（1）作品绘制部分35%。

（2）思维发散部分35%。

（3）结论成就部分30%。

参考学时：

4学时。

图1-20所示为学生进行头脑风暴讨论现场及方法展示。

图1-21所示为运用头脑风暴法整理出设计方向，并按此思维设计产品。

图1-20 学生进行头脑风暴讨论现场及方法展示

走神　打磨　赛车
雕刻　打牌　写作　休息　闻香　联系家人　烟斗
　　做手工　睡觉　　　　吸吮　　打牌
乌龟　　　　　享受　茶艺　大自然　天然　旅游　太极
钓鱼　遛鸟　斗虫　晒太阳　禅　　　　　　打坐　　拼图
瑜伽　　　听音乐　享受　　感动　抽烟
喝一杯　种花、草　傻笑　友谊　　回忆　神游　冥想　酒窝
计划　发芽　喝茶　　香　听　怀念　　　　采风
阅读　　攀岩　　笑一笑　　日出日落　香蕉
步行　　登山　玩耍　走神　　　步行
　做梦　画画　　　烹调　攀岩
泡澡　　　　驻足　　　
看风景

慢 slower

图 1-21 运用头脑风暴法整理出设计方向，并按此思维设计产品

1.3

创意思维的五种能力训练

美国心理学家基尔福特（J.P. Guilford）将创造思考历程分成聚敛性思考（convergent thinking）及扩散性思考（divergent thinking），扩散性思考包含四种元素，即流畅力、变通力、独创力及精确力，与创造力的表现密切相关。

创造力是创新或创意的实质表现，可表现在行为过程、创意设计中。因此，新奇、有用可以说是创造力表现的两个主要概念。创造力的培养从体验开始，学习者要自己去体验，才是最真实的，才能内化。

敏锐的观察力是培养创造力的第一步。牛顿、爱迪生、爱因斯坦等人，能观察到别人观察不到的地方，进而发现许多有趣的现象，发明有用的东西。此外，多观察可以增加经验，对于日后创意发挥会有很大的帮助。

五种有助于激发创意的思维能力包括敏觉力、流畅力、变通力、独创力和精确力。

1. 敏觉力

敏觉力是指对问题或环境的敏感度。有些人敏感度高，任何事物若有疏失或不寻常的地方，很快就会感觉出来。

具备敏锐的洞察力和观察入微的能力，突破陈规，尝试对每件事物培养仔细观察的习惯，凡事都从各个不同的角度去观察、留意、聆听与接触，不要只看表面，而要深入探究。

当别人变换了你房间的布置，你可以马上就发现发生改变的地方，而且丝毫不差，这就表示你的敏觉力相当强。

训练敏觉力，首先需超越习惯，能注意到别人没注意的地方，或是能发现问题的关键所在，均可显示出思考的敏觉性。

2. 流畅力

流畅力是指对同一个问题或看法能够提出很多观念或新点子。

当被问到"茶杯有什么用途"的时候，在限定时间内，能够想出最多答案的人，就有比较强的"流畅力"。

游戏1

名称：

流畅力训练——激发想象力的游戏（15分钟答题）。

（1）砖头的20种以上用途。

（2）雨伞的20种以上用途。

（3）照明的20种以上方法。

（4）不用筷子吃饭的20种以上方法。

（5）喝水的20种以上方法。

考核方法：

（1）文字形式，A4纸。

（2）每种想法要有序号。

（3）答题结束写上学号、姓名，统一交给班长。

（4）班长将收上来的答题卡任意分发给其他同学。

（5）每位同学对拿到的答题卡进行评分，要写出三个指标的评分及总得分，并写上评分者的学号和姓名，交给老师。老师在核实答题人和评分人的表现后做出评判。

学生部分答案如下。

砖头的20种以上用途思维发散

1. 锤钉子	2. 砸核桃	3. 防身	4. 粉笔	5. 凳子	6. 垫高	7. 垫桌子
8. 垂直	9. 灶台	10. 打人	11. 装饰品	12. 坑	13. 锻炼	14. 坐在上面
15. 枕头	16. 修树、造型		17. 测水深度	18. 练功	19. 雕刻	20. 尺子

21. 防滑　22. 缠线　23. 压东西　24. 道具　　25. 收藏　26. 计数　27. 自杀

28. 求生　29. 烧热暖手　　　30. 秤砣　　31. 逃生　32. 装饰项链

33. 拼成装饰画　　34. 玩具　　35. 挡门、书挡　　36. 头悬梁

37. 磨刀　38. 卖艺　39. 染色　40. 内增高　41. 做模具　　42. 乐器

43. 杀鱼　44. 铺路　45. 口红　46. 玩具　　47. 烫头发　　48. 鞋

49. 测高度　50. 压舱　51. 美甲　52. 搅拌　　53. 石膏固定　54. 拔牙

55. 减速带　56. 扩音　57. 花瓶　58. 包装　　59. 过滤　　60. 标记

61. 靶心　62. 平衡　63. 瓦、屋顶　64. 海报　　65. 辟邪　　66. 调色

上海工艺美术职业学院产品设计专业 17 级部分学生发散性思维答案

指导教师：金一歌

雨伞的 20 种以卜用途思维发散

1. 避雨　　　　2. 防晒　　　　3. 接水　　　　4. 当武器

5. 当饰品　　　6. 当导盲棍　　7. 当遮蔽物　　8. 当信物

9. 聚光　　　　10. 信号接收器　11. 当坐标　　12. 打桌球

13. 晒衣服　　　14. 当灯罩　　　15. 钩东西　　16. 降落伞

17. 打高尔夫球　18. 加速、减速用　19. 帐篷　　　20. 拐杖

21. 装东西　　　22. 广告用　　　23. 废物利用、伞布改作购物袋

24. 铺地上做凳子　25. 当担子用　　26. 当桌布　　　27. 变魔术

28. 通下水道　　　29. 当尺来丈量物体　30. 支撑　　　31. 高跷

32. 划船

上海工艺美术职业学院 G16241 班部分同学发散性思维答案

指导教师：张渺

游戏2

名称：

流畅力训练——换一种方式说话。

如果一个人生了重病，身体上正经受巨大的痛苦，他抱着早日康复的心态积极配合治疗，此时他的主治医生应该怎么告诉他病情？

Q：最诚实的说法。

A：你得了绝症，不久将离开这个世界／你的生命还剩下最后三个月／……

Q：最动听的说法。

A：死并不是生命的终点／18年后又是一条好汉／死亡不是离开，只是去了另外一个世界，在爱的记忆消失前请记住我／……

Q：最安全的说法。

A：时代在变化，医疗在进步／只要你不失去信心，你终究能战胜病魔／……

Q：最愚蠢的说法。

A：让你家属来一下／其实你的病不重，很快就能出院了／……

Q：最博得人同情的说法。

A：我们都该学会告别，生命是留不住的／……

Q：最另类的说法。

A：眼睛一闭一睁一天过去了，眼睛一闭不睁一辈子过去了／……

Q：最狗血的说法。

A：不好意思，你的化验单拿错了／你的病不是遗传，是基因突变／……

Q：最听不懂的说法。

A：恭喜你历劫成功，即将飞升上仙／……

3. 变通力

变通力是指能够从多角度、多方位思考同一个问题。

我们以"山重水复疑无路，柳暗花明又一村""随机应变""举一反三""触类旁通"形容变通能力。

我们在小时候曾经遇到这样的问题：树上有5只鸟，猎人打了一枪，击中其中1只鸟，树上还剩几只鸟？为什么？聪明的小朋友回答：没有了，因为一只鸟掉在地上，其余的吓跑了。这几乎成了这个"脑筋急转弯"的标准答案。如果说出其他的答案就有可能被提问者笑话。

那么，还有其他答案吗？如果我们在眼前建立一个"情境"，也许可以"找"出更多的答案。

答案1：还有5只鸟。因为猎人使用的是无声手枪，1只鸟被击落挂在树杈上，另外4只鸟没有听到任何声音。

答案2：还有4只鸟。因为猎人使用的是无声手枪，1只鸟被击中落地，另外4只没有听到任何声音。

答案3：还有3只鸟。树上原有5只鸟是一对配偶和3只雏鸟，1只中弹，1只飞走，3只雏鸟还不会飞，留在鸟巢里。

答案4：还有2只鸟。1只中弹落地了，1只大鸟赶快叼着1只小鸟飞走了，还剩2只不会飞的小鸟在鸟巢里。

答案5：还有1只鸟。枪响后，击中的1只落在树杈上，余下4只全吓跑了。

…………

由此看来，只要发挥想象力，只要能做出合理的解释，从"1只鸟也没有"到"还有5只鸟"的六个答案都可以成立。

游戏3

名称：

变通力训练——强迫的组合思考。

要求：

（1）准备不少于一百张的词语卡片，依照形容词、名词、动词分类。

（2）任意抽取词语卡片并进行组合思考训练，例如：手枪＋打火机＝手枪式打火机。

（3）以两个人一组为单位进行组合训练，15分钟后全班交换讨论组合结果。

游戏4

名称：

变通力训练——多点集中法。

以不同的立场和观点来解决同一个问题，可参考六项思考帽（图1-22）。六项思考帽是英国学者爱德华·德·博诺（Edward de Bono）博士开发的一种思维训练模式，或者说是一个全面思考问题的模型。

要求：

所谓六项思考帽，是指使用六种不同颜色的帽子代表六种不同的思维模式。任何人都有能力使用以下六种基本思维模式。

白色思考帽：白色是中立而客观的。戴上白色思考帽，人们思考时关注客观的事实和数据。

绿色思考帽：绿色代表茵茵芳草，象征勃勃生机。绿色思考帽也代表创造力和想象力。它具有创造性思考、头脑风暴、求异思维等功能。

黄色思考帽：黄色代表价值与肯定。戴上黄色思考帽，人们从正面思考问题，表达乐观的、满怀希望的、建设性的观点。

黑色思考帽：戴上黑色思考帽，人们可以运用否定、怀疑、质疑的看法，合乎逻辑地进行批判，尽情发表不同的意见，找出逻辑上的错误。

红色思考帽：红色是情感的色彩。戴上红色思考帽，人们可以表现自己的情绪，还可以表达直觉、感受、预感等。

蓝色思考帽：蓝色思考帽负责控制和调节思维过程。它负责控制各种思考帽的使用顺序，规划和管理整个思考过程，并负责得出结论。

（1）准备十组问题。

（2）每组有六人，每人负责一个思考帽，从不同角度思考同一个问题，从而提出高效能的解决方案。

（3）30分钟后全班交换讨论组合结果。

考核要点：

（1）思考逻辑是否合理。

六项思考帽在会议中的典型应用步骤：

① 陈述问题（白色思考帽）；

② 提出解决问题的方案（绿色思考帽）；

③ 评估该方案的优点（黄色思考帽）；

④ 列举该方案的缺点（黑色思考帽）；

⑤ 对该方案进行直觉判断（红色思考帽）；

⑥ 总结陈述，做出决策（蓝色思考帽）。

（2）学会在过程中总结，思考过程中的任何一点，参与思考的成员都可以戴上蓝色思考帽并做出总结。

考核要点：

（1）判断词语组合是否合理。

（2）组合过程中是否产生了新的事物。

（3）创意的现场表达效果。

4. 独创力

独创力是指反应的独特性，想到别人所想不出的独特、新颖的观念的能力。独创力是在敏觉力、流畅力和变通力基础上的一个深化，讲求的是思维的独到和想法的新颖。

两个推销员到同一个岛上去推销鞋子，到达岛上后，却发现那个岛上的人基本不穿鞋子。于是一

冷静的
天空的颜色
思维过程的控制与组织
蓝色思考帽

愤怒、狂暴与情感
情绪上的感受、直觉和预感
红色思考帽

阴沉、负面的
考虑事物的负面因素
对事物负面因素的注意、判断和评估
这是真的吗？它会起作用吗？
缺点是什么？它有什么问题？
为什么不能做？
黑色思考帽

中立而客观
客观的事实与数据
我们有什么信息？
我们需要得到什么信息？
白色思考帽

耀眼的
乐观、希望与正面思想
为什么这个值得做？
利益是什么？
它为什么会起作用？
黄色思考帽

草地、生意盎然、肥沃丰美
创意与创造性的想法
有不同的想法
新的想法、建议和假设是什么？
可能的解决办法和行动的过程是什么？
选择是什么？
绿色思考帽

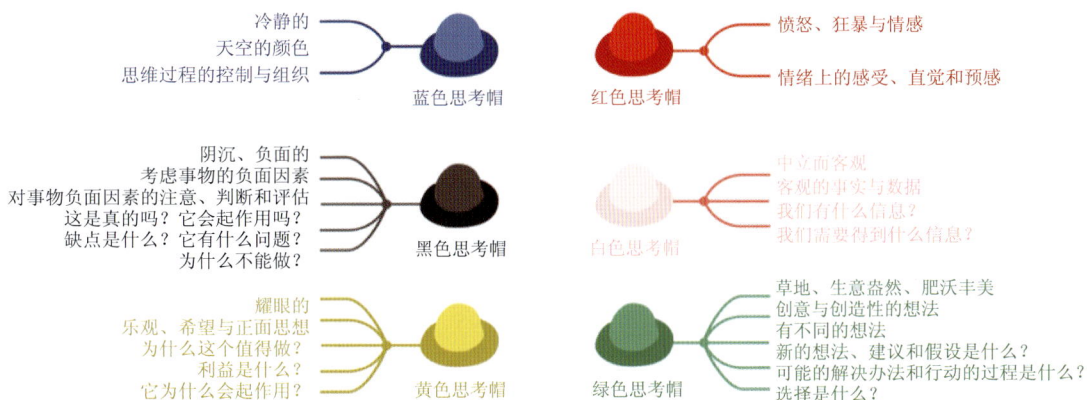

图 1-22 六顶思考帽

个推销员回到公司，说岛上的人不穿鞋子，根本没有市场；另一个推销员回到公司，却很高兴地在公司说，那里的市场实在是太大了，因为岛上的人都不穿鞋子，如果我们能制造出适合他们穿的鞋子，让他们穿，市场一定很大！于是，公司按第二个推销员的设想去操作，真的打开了市场，取得了很大的成功。

这就是两种不同思维的结果，思维的独创力让第二个推销员看到了新的商机，并最终取得了成功。

要培养独创力，最直接的训练方法就是寻找到打破常规的思考方法，从而找到一个独特的解决方案。

潜意识是指人类心理活动中，不能认知或没有认知到的部分，是人们"已经发生但并未达到意识状态的心理活动过程"。我们是无法觉察潜意识的，但它影响意识体验的方式却是最基本的——我们如何看待自己和他人，如何看待我们生活中日常活动的意义，我们所做出的关乎生死的快速判断和决定能力，以及我们本能体验中所采取的行动。

5. 精确力

精确力是指能从更细致、更缜密的角度来进行思考的一种能力。精确力需要在新观念上不断地使之构想更完整、更无懈可击，讲求精益求精的精神。例如，在放纸船的时候，有些人懂得在纸船底面涂一层蜡，以防止被水浸坏，这种"多涂一层蜡"的思考，就是精确力的表现。

游戏5

名称：

精确力训练——预估危险，最坏的情况是什么。

要求：

（1）在 A4 纸上描绘出自己害怕的场景，你可能误入森林迷失方向，你可能被困在热气球中无法逃离，你也可能在泰坦尼克号的甲板上寻找一线生机……

（2）描绘自己遇到的可怕事物并历经磨难克服它。

（3）现场发布自己的作品。

考核要点：

（1）对自我的分析与解读。

（2）对作品表现的构思与设计。

（3）创意的现场表达效果。

游戏6

名称：

　　精确力训练——更上一层楼。

要求：

　　（1）在自己生活的周遭挑选10件产品，把它们拍成照片，并记录使用的过程，或者在使用过程中拍摄小视频。

　　（2）将现有的物品加以改进，再进一步优化它的使用过程。

　　（3）现场发布自己的作品并做合理演示。

考核要点：

　　（1）对产品及其使用功能的分析与解读。

　　（2）对其改良的构思与设计。

　　（3）创意的现场表达效果。

游戏7

名称：

　　精确力训练——找碴游戏。

从图1-23~图1-26中找出目标物，图1-27所示为找碴游戏答案。

图1-23 猫头鹰里面找猫咪

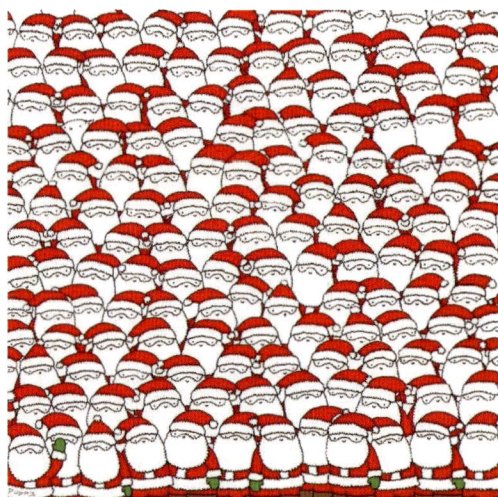

图1-24 圣诞老人里面找小羊

图1-25 幽灵里面找白熊

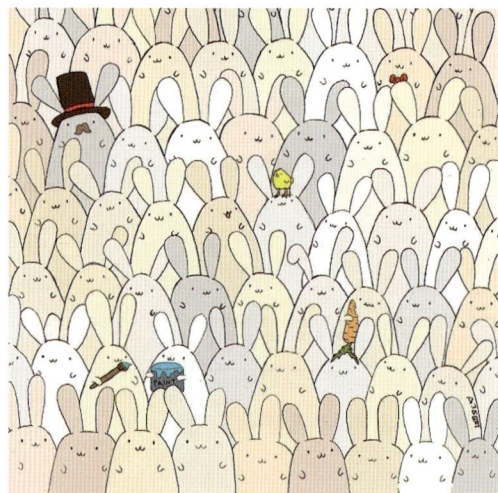

图1-26 兔子里面找鸡蛋

图 1-27　找碴游戏答案

学习活动3：创意思维习惯性养成

任务训练3：解读肢体语言背后的故事

任务内容：

　　肢体语言是一种无声的语言。肢体语言，又称身体语言，是使用身体运动或动作来代替或辅助声音、口头言语或其他交流方式进行交流的一种方式，它包括不为人注意的最细微的动作，例如眨眼、抬眉、伸手等。建立一个2~3人的讨论小组，模拟一些问题进行讨论。每个人都需要发言。持续20分钟以上。发现并记录彼此的手势、肢体动作、神态，通过肢体语言了解他的思想意识、情绪变化。

任务要求：

（1）发掘肢体与思想、情绪之间的关联性。

（2）善于记录，并学会发掘言语背后的故事。体验并思考人、事物、喜好、情感之间的关系。

（3）发现你的研究对象潜在的需求或行为习惯。

（4）互相交换，看谁能从肢体语言中解读出更多的信息。

知识点：

敏觉力养成、情境设计、潜在设计需求整理。

能力点：

团队合作能力、设计构思能力、归纳和设计想象能力。

教学方法：

培养设计思维能力。

考核要点：

（1）视角敏锐，信息解读合乎情理，能用逻辑解读人与物之间的关系。

（2）有效信息数量多为益。

考核方法：

（1）场景记录部分15%。

（2）肢体语言发现部分35%。

（3）肢体语言解读部分35%。

（4）设计创意思维转化部分15%。

参考学时：

4学时。

以下为肢体语言解读参考案例分析。

摊开双手（图1-28）是表现诚实的传统方式。大部分人表达真诚或者公开的方式便是摊开双手。当我们遇到久别重逢的人，总习惯性地先摊开双手，这不仅仅是一种姿势，更是一种情绪表达，表达一种热情开放的态度。

图 1-28 肢体语言解读之摊开双手

抖腿（图1-29）是内心不安的表现。抖腿表示焦虑、恼怒，或者两者都有。马萨诸塞大学教授苏珊·惠特伯恩称："腿部是人体最庞大的肢体部位，所以当腿部有所动作时，很难不让外人注意到。"

图 1-29 肢体语言解读之抖腿

挑眉（图1-30）往往是感到不舒服的信号。真正的笑容会让你的眼周出现皱纹，同样地，担心、惊讶、恐惧或不安等不适情绪会让人挑起眉毛。

图 1-30 肢体语言解读之挑眉

眼角没有皱纹的笑容可能是假笑（图 1-31）。如果有人试图表现出开心的样子，但不是发自内心的高兴，那么你是看不见对方的笑纹的。最近，美国东北大学的一项研究发现，人们即使没有感到特别开心，也能伪装出完美的假笑。所以比较保险的说法是，没有皱纹的笑容证明一个人可能不是真正的开心。但仅仅因为笑出皱纹，也不能确定一个人真的很开心。

图 1-31 肢体语言解读之假笑

双腿站立，手插裤兜（图 1-32），时不时地取出来又插进去，习惯这样动作的人做事谨小慎微，遇事缺乏灵活性，内心抗压能力弱，喜欢怨天尤人。

图 1-32 肢体语言解读之手插裤兜

喜欢触摸头发（图 1-33）的人，个性突出、爱憎分明、疾恶如仇。他们爱冒险，爱拿人当调侃对象。当他们遇到棘手问题时，便喜欢触摸头发，以便找到解决问题的方法。

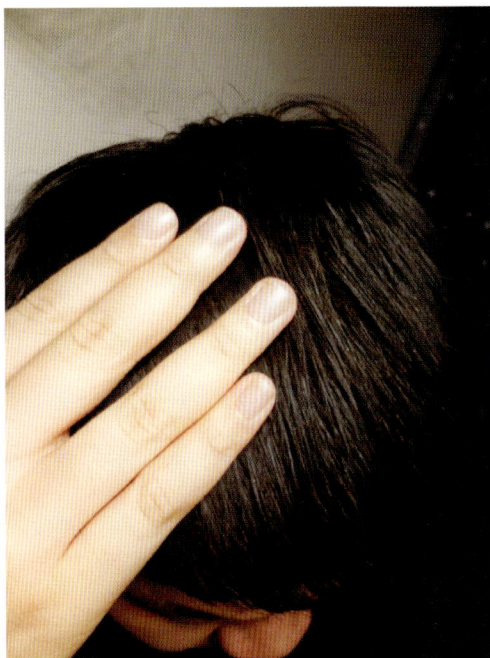

图 1-33 肢体语言解读之触摸头发

很多人在灵光一闪的瞬间潜意识里会用手拍打头部（图1-34），表示找到了解决问题的新办法。有拍打头部习惯的人，是性格直爽、不善于隐瞒的人。

图1-34 肢体语言解读之拍打头部

任务训练4：记录梦境/自我认知（可二选一）

任务内容：

记录梦境：通过对梦境的描绘，打破常规定式，从梦境中探索出一条全新的思考方式。

自我认知：在A4纸上描绘出自己最崇拜或最喜欢的3个人、最喜欢的3本书、最喜欢的3首歌、最喜欢的3部电影、最想实现的3个愿望、最喜欢做的3件事、最想去的3个地方。

任务要求：

记录梦境任务要求：

（1）睡醒起床时，依所记得梦中的内容，以文字予以记录。

（2）以记录的内容为基础，再次回想梦境，自由地描绘梦境。

（3）依梦境中的思考角度探索出不同的解决问题的方式。

（4）相互交换梦境内容，尝试描绘别人的梦境。

自我认知任务要求：

（1）设计思考必须从真实感受出发，发掘内心深处触动记忆的故事。

（2）用绘画的方式表达思维及情感。

知识点：

情感主导、情境设计、实验性地探索人与物之间的关系。

能力点：

设计构思能力、设计想象能力、归纳分析能力。

教学方法：

实验性问题导向教学。

考核要点：

（1）逻辑合理，视角独特。

（2）设计解读角度新颖，打破思考定式。

考核方法：

（1）对故事的解读和重构部分45%。

（2）对作品表现的构思与设计部分45%。

（3）创意的现场表达效果部分10%。

参考学时：

8学时。

任务成果展示：

（1）记录梦境。

我来到一个陌生的岛上，岛上没有什么人，有一座巨大的游乐园。看到我最爱的摩天轮，我就飞快地爬上去坐了一圈，在高空中，我看遍了世界上很多美丽的景色，还看到了我平时生活的地方。从摩天轮上下来，当我坐在桥下看风景的时候，摩天轮突然坍塌了。我被坍塌的摩天轮砸醒了（图1-35，上海工艺美术职业学院G1724级陈佳幸）。

图 1-35 学生梦境描述图

（2）自我认知。

设计思考：高空恐惧症人群的设计思考（高空恐惧症也就是常说的"恐高症"，患者表现出害怕登高，如上楼、过天桥、坐飞机等）。

情境：①拥挤的场所，如超市、影剧院、大型购物中心、体育场馆等。

②封闭或者难以逃离的场所，如隧道、小房间、电梯、飞机、地铁、公共汽车等。

③开车，尤其是在高速公路和桥上，在交通拥挤或跑长途的时候，坐车对他们来说是极具挑战性的。

④离开家，有些人只有在自己家附近才感到安全，如果离开家一段距离，他们就会感到不安，极个别的人一步也不能离开家。

⑤独处，尤其是独处于以上情境中时。

如图1-36所示，干预性产品设计时，设计过程按照产品设计流程进行，此处仅为思维独创力训练过程。

图1-36 自我认知作业

学习活动4：综合创意思维训练

任务训练 5：密室逃脱

任务内容：

综合使用创意思维方法完成密室逃脱的主题故事训练。

任务要求：

（1）根据密室逃脱游戏规则设计模拟游戏。密室逃脱游戏具有较大的趣味性及挑战性，它可以因不同的设计思路衍生出不同的主题，设计师可以根据自己的喜好设计不同的主题故事。

（2）在故事设计中，关卡的设计是层层递进式的，每个关卡的问题都需要围绕故事主题展开。设计的密室中有不少于三个关卡（即不少于三种设计思考方法），每个关卡有不少于三个问题（即整个密室故事不少于九个题目）。

（3）配合密室的设计，必须有可供选手使用的道具或者模型来配合故事的进行，并通过 PPT 来引导故事进度。

（4）最终在规定时间内完成任务，获取晋级奖励。

知识点：

五种有助激发创意的思维能力养成，即敏觉力、流畅力、变通力、独创力、精确力。

能力点：

设计整体策划能力、设计思考能力、团队合作能力、模型制作能力和思维表达能力。

教学方法：

问题导向性的行动导向教学（主要过程为厘清问题实质、确定结构、解决问题，培养设计思维能力，头脑风暴法、优劣势分析法等运用能力）。

考核要点：

（1）综合策划设计能力强，逻辑完整合理。

（2）思维方式运用准确合理，逻辑完整。

（3）模型道具制作准确，能配合故事体现设计的人与物的情感交流。

考核方法：

（1）故事主题创意部分 25%。

（2）环节中创意思考方法使用部分 30%。

（3）模型制作及使用功能部分 15%。

（4）现场演绎部分 20%。

（5）道具配合设计部分 10%。

参考学时：

16 学时。

任务训练案例：

参与学生：上海工艺美术职业学院 G17242 级产品设计班黄勇弟、徐进、蒋家豪、陆敬灵、杨苗苗、韦燕静。

指导教师：金一歌。

名称：**密室逃脱游戏——魇**（配合背景音乐：*The Nature Sounds Society Japan*）。

背景：在一场大雨中，一对流浪的姐弟为了躲避大雨，闯入了一幢废弃的教堂，教堂无比寂静，空无一人。姐弟俩被雨淋湿后，筋疲力尽地睡着了……不久后，弟弟突然醒来，却发现自己并不在教堂，姐姐也不在身边……

姐姐的失踪让弟弟更加惊慌，恐慌让弟弟回忆起……

（1）场景一。

在 × 楼里发现两具尸体，是一对夫妇，他们死在自己的家中，是先后死亡，丈夫的死亡时间是下午 5：00，妻子的死亡时间是下午 4：00，凶器是一把刀，刀上只有妻子的指纹，家中的财务也被洗劫一空。尸检报告是这样的：妻子身中 1 刀致死，丈夫身中 6 刀致死，但是 6 刀中的其中 1 刀的伤口是被止过血的。死亡夫妇有两个孩子，一个儿子和一个女儿，儿子当时躲在一边目睹了整个案发经过，但是由于当时受到过度惊吓，不能开口说话了。于是公安人员请来了专家，这位专家给那个小孩四张牌：一张 J、两张 Q 和一张 K。这个孩子将一张 J 和一张 Q 折了一下竖直地放在台上，令它们有站立的姿势；另一张 Q 被撕碎了一点，然后平放在台子上，令它呈躺着的姿势；最后一张 K，那个孩子把它撕得粉碎（图 1-37）。

图 1-37 扑克牌的状态

请问，这不同的 4 张牌分别代表什么意思？姿势又是怎么回事？事实的真相究竟是怎么样的？你们是怎么理解的呢？

评判标准：答案不是唯一。只要按照自己的逻辑方式合理诠释出来即可。

知识点：激发创意思维能力中的敏觉力、流畅力、独创力。

参考答案：例如，K 代表丈夫，一张 Q 代表妻子，另一张 Q 代表姐姐，J 代表弟弟。丈夫对姐弟俩应该不是很好，当时姐姐忍受不了捅了父亲一刀，随即离开，父亲自己包扎了伤口，接着妻子回来，看到丈夫受伤知道他又欺负孩子，不想让孩子再受伤害而捅了丈夫 5 刀，为了不让家丑外扬做出劫杀的假象，随后自杀，刀上就只有妻子的指纹了。

（2）场景二。

决定寻找姐姐的弟弟，发现地面上的脚印（图 1-38），可到了门前，脚印却没有了，门也是关着的，或许脚印就是解开门的密码的重要线索。

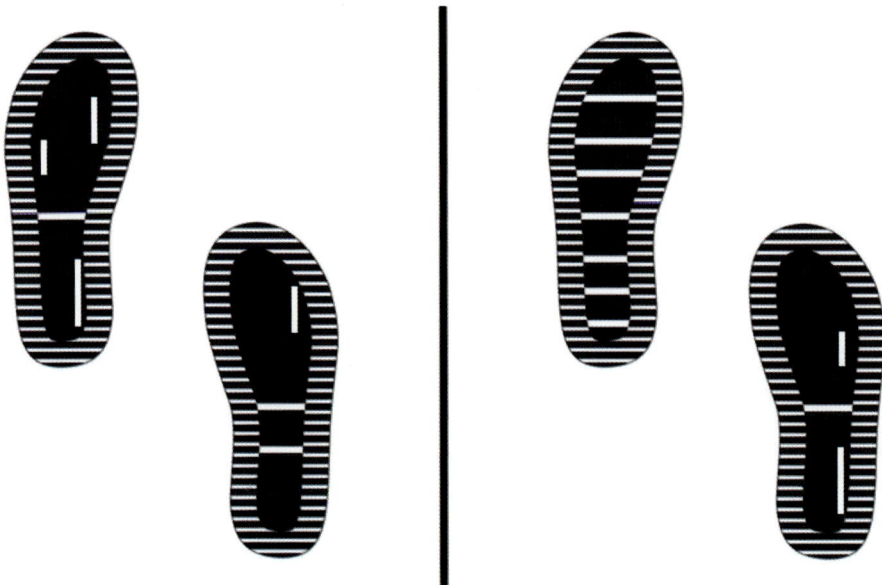

图 1-38 脚印

评判标准：打破常规思维来解读问题。

知识点：激发创意思维能力中的变通力、精确力。

答案：移动鞋子使左右脚对应，即可出现数字2317（图1-39），密码破解。

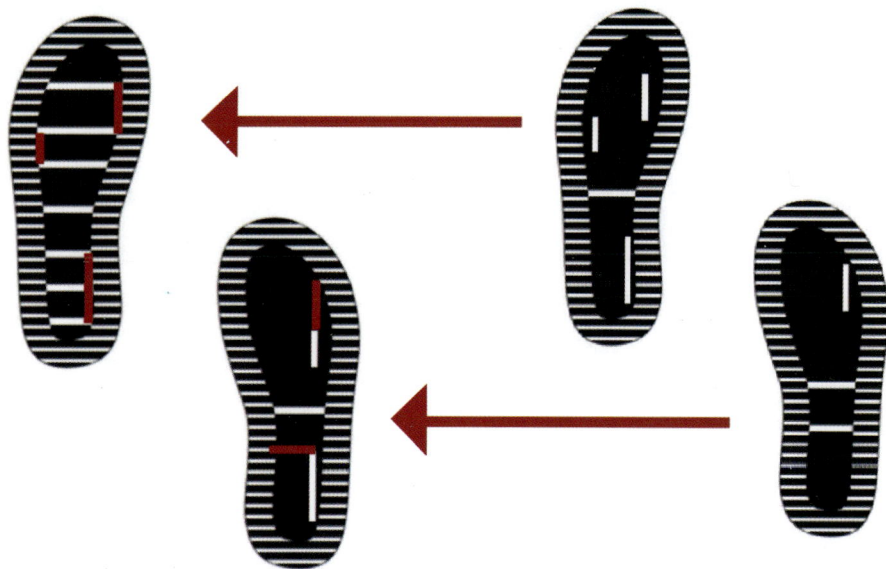

2317

图1-39　脚印答案

（3）场景三。

进入房间后，桌面上放了9把钥匙，有4个袋子，保证每个袋子都有钥匙，并且每个袋子里都放有奇数，你会怎么分配这些钥匙？

评判标准：不受常规思维顺序影响。

知识点：激发创意思维能力中的敏觉力、变通力。

答案：第一个袋子装1个，第二个袋子装3个，第三个袋子装5个，然后把已经装有钥匙的三个袋子装在第四个袋子。

（4）场景四。

醒来后的姐姐同样也独自一人，知道弟弟胆小，一定要迅速找到弟弟，她很思念她的弟弟，回忆起有一天弟弟在纸上用笔画了一条线然后对姐姐说：不许把这根线截断，但也不能弯曲，还要把这根线变短，怎样才能做到？

评判标准：对比思考。

知识点：激发创意思维能力中的变通力。

答案：在那条线下面画一条更长的线。

（5）场景五。

忽然闪过一个人影（图1-40），背后的图案似乎表达着什么。这组图案似乎可以解读出一串密码。

评判标准：敏锐的观察力。

知识点：激发创意思维能力中的敏觉力、精确力。

答案：378146（图1-41）。

（6）场景六。

忽然闪过的人影不停地引导着姐姐跟随，来来回回穿过几个房间。通过对九宫格（图1-42）的分析，解释出她到过哪些房间。

评判标准：打破传统思维定式，重新建立思考构架。

知识点：激发创意思维能力中的敏觉力、变通力、独创力。

答案：4269（图1-43）。

图 1-40 人影

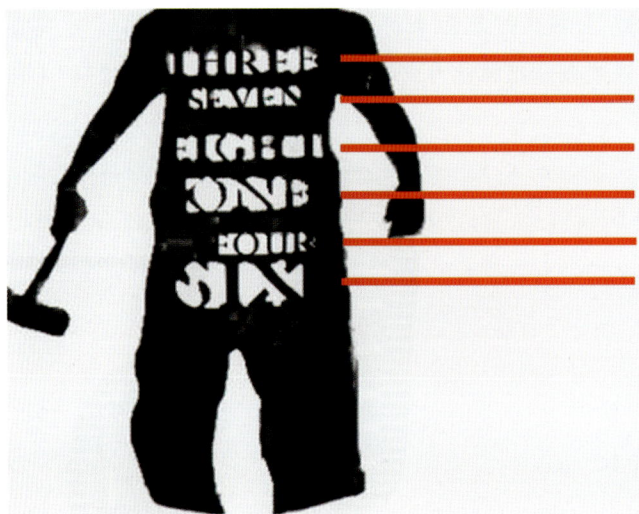

THREE 3
SEVEN 7
EIGHT 8
ONE 1
FOUR 4
SIX 6

图 1-41 人影答案

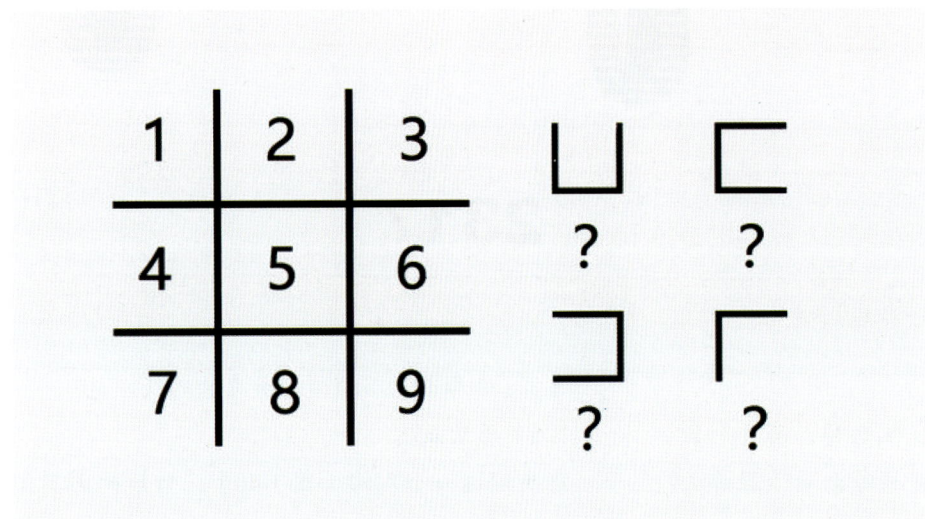

图 1-42 九宫格

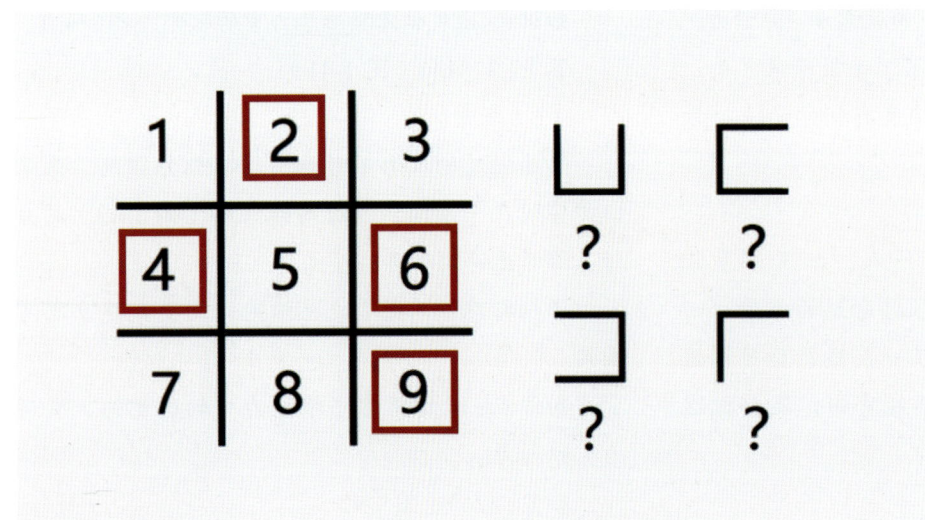

图 1-43 九宫格答案

（7）场景七。

找到了密码，打开了门，终于进入暗室，要寻找新的线索。她走进暗室，暗室四处都是灰，看来的确没有人来过。她把桌上的灰抹掉，接通了电炉电源准备烧水喝。她突然使劲用鼻子嗅了嗅，说："不好！这暗室曾有人来过，而且就在近日。"她是怎么断定暗室曾有人来过呢？

评判标准：敏锐的判断及分析力可以抓住变化中呈现出来的线索。

知识点：激发创意思维能力中的敏觉力、流畅力、独创力和精确力。

答案：接通电源后，她发现空中并没有烧焦的尘土味，这个电炉显然有人用过。

（8）场景八。

视野里出现了一个保险柜。或许解救这对姐弟的办法就藏在这个保险柜中。可是如何打开这个保险柜的门成了难题。地上隐隐约约出现了一个既像图形又像文字的符号（图1-44），这到底预示着什么呢？

评判标准：在已知和未知的事物中寻找关联。

知识点：激发创意思维能力中的敏觉力、流畅力、变通力和独创力。

答案：4238（图1-45）。

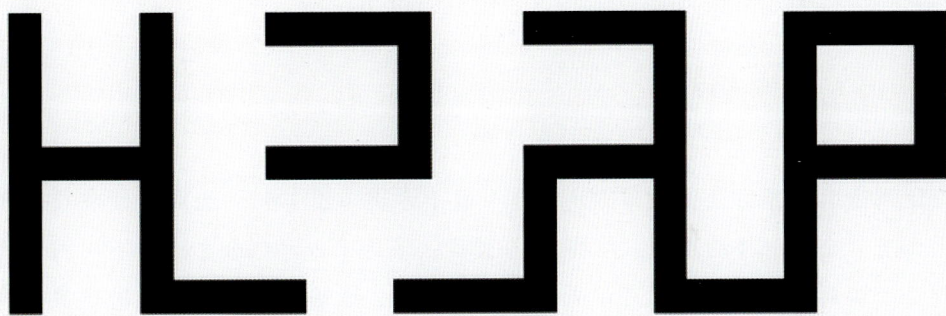

图 1-44 保险柜密码

图 1-45 保险柜密码答案

保险箱终于被打开了。里面什么都没有，只有两张图片。一只被操控的昆虫和一把尖刀（图1-46）。

原来，这就是解救姐弟俩的秘密。绳子与刀都能够作为致命工具，而因为姐弟俩现在的处境其实还是在梦中，能够摆脱这场噩梦的方法只有杀死对方。

图 1-46 绳子与刀

任务训练6：故事方块

任务内容：

运用道具故事方块，故事方块由9个骰子方块（图1-47）组成，每个骰子方块上面都有六个不一样的图案，总共54个图案，多达千万种组合。通过不同图形的任意组合、编辑和整理，从而可以激发人的想象力，锻炼应变能力。使用非常简单，只要将这些方块撒出，然后运用创意思维方法，从其中的一个图案开始，用上面的所有图案来讲一个故事。

故事骰介绍

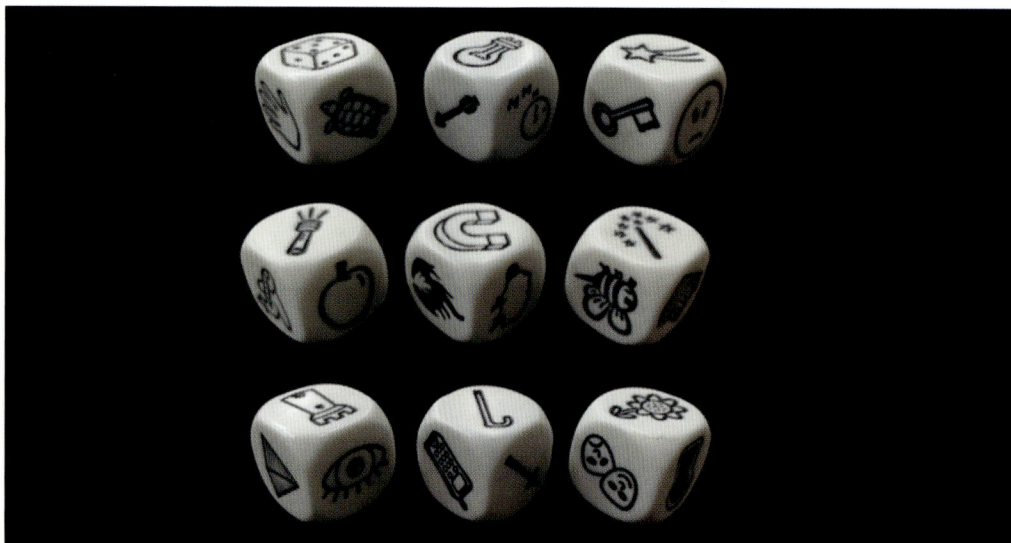

图 1-47 骰子方块

任务要求：

（1）每个学生有一次丢骰子的机会，每个学生会得到属于自己的 6 个图形，把它们记录下来。

（2）按照骰子提供的图形，讲述一个逻辑性强的故事，需运用骰子上抽到的 6 个图形中提供的所有信息。

（3）按照故事的出场顺序重新排列 6 个图形，并赋予 6 个图形属于自己的符号含义。

（4）根据故事的逻辑性提示，解决一个现实问题。

（5）最终在规定时间内完成任务。

知识点：

对思考训练、设计能力、合理设计方法的运用进行考察。

能力点：

创意思维是以新颖独特的思维活动揭示客观事物本质及内在联系，并指引人去获得对问题的新解释，从而产生前所未有的思维成果。而设计约束指的是设计对象本身所具有的特定限制条件，比如任何一项设计都必然存在着诸如功能、技术、材料、工艺、成本及市场等方面的限制条件，甚至设计师自身也具有某些设计约束因素，包括专业技能、知识面、文化背景等。

教学方法：

情景导入式教学（主要过程为厘清问题实质、确定结构、解决问题，培养设计思维能力，头脑风暴法、优劣势分析法等运用能力）。

考核要点：

（1）突出重点。尽量合理运用图像符号，因为图像能够自动吸引眼球及大脑的注意力。

（2）发挥联想。联想是改善记忆和提高创造力的一个重要因素，是记忆和理解的关键。

（3）条理清晰。清晰的导图能给人以美感，强调感知力。

考核方法：

（1）故事主题创意部分 30%。

（2）创意思考方法使用部分 30%。

（3）故事逻辑的梳理部分 30%。

（4）现场演绎部分 10%。

参考学时：

16 学时。

任务训练案例：

（1）案例 1。

参与学生：黄勇弟，上海工艺美术职业学院 G17242 级产品设计班。指导教师：金一歌。

故事：一则新闻。

接下来播报一则新闻，目前，动物遭到猎杀，植物遭到砍伐，已经造成严重的生态不平衡现象，这一严重的问题已引起人们的关注，如何让人与动物、植物和谐发展，已经是未来最迫待解决的问题（图 1-48~图 1-51）。

（2）案例 2。

参与学生：徐进，上海工艺美术职业学院 G17242 级产品设计班。指导教师：金一歌。

故事：冲突与融合。

在一个混沌的异世界有魔法师和仙人两个种族。魔法师族的科技很发达，他们认为只有科技进步才能让一族更加繁荣，通过魔法和科技结合已经实现了全自动的食物生产链，他们认为手工劳动已经没有必要，所有工作都可以靠科技来解决。并且他们十分好战，经常看不起还在用传统方法耕种、工作的仙人族。仙人没有魔法师那么强力的魔法和科技，但是他们的寿命很长，也非常固执，完全不接受魔法师族的新科技。仙人认为有很多事情是科技和自动化生产代替不了的，他们选择自己劳动来种植粮食，制造生活用品。有一天，一个魔法师爱上了一个仙人，但是他们的父母都不允许他们相爱，他们感觉非常为难，于是他们为了寻找仙人和魔法师能够相互理解的方法而踏上了旅途。

故事方块图案见图 1-52。设计思考方向设定如图 1-53 所示。

平衡

植物

动物

猎杀

工作证

烙印

各分一杯羹

未来

环球新闻

图 1-48 故事方块组合

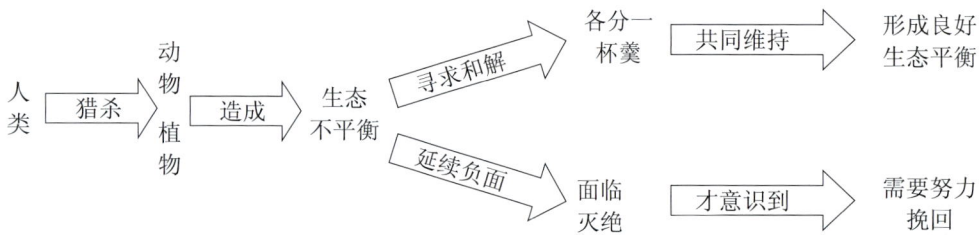

人类 → 猎杀 → 动物 植物 → 造成 → 生态 不平衡 → 寻求和解 → 各分一杯羹 → 共同维持 → 形成良好 生态平衡

生态 不平衡 → 延续负面 → 面临 灭绝 → 才意识到 → 需要努力 挽回

图 1-49 根据故事思考逻辑找到设计方向

各分一杯羹 保持平衡？

图 1-50 设计思想

有人需要冷水

有人需要温水

有人需要热水

图 1-51 设计方向研究

衡量

种植

仙人

困难

科技

喷涌

魔法师

战争

发达

图 1-52 故事方块图案

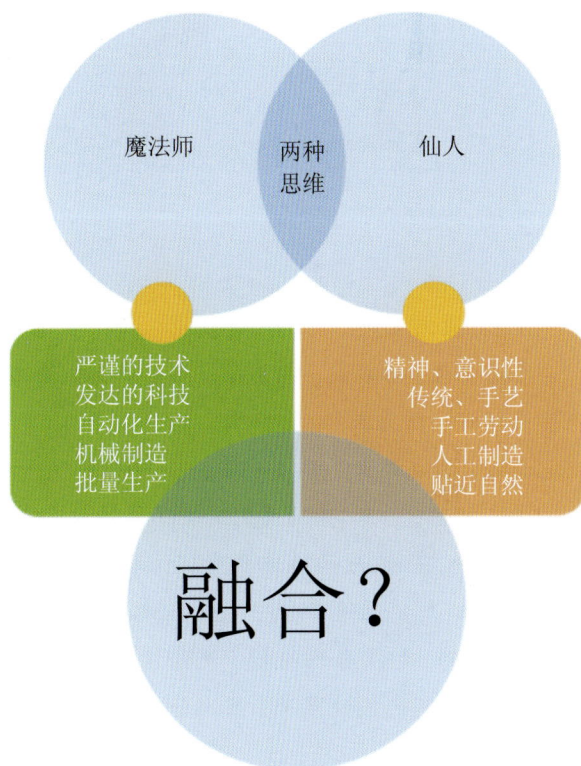

图 1-53 设计思考方向设定

设计思考让我们找到化解矛盾的办法。图 1-54 所示为木头融入树脂加工的产品，展示了技术创新改变的工艺发展的应用可能性。

图 1-54 木头融入树脂加工的产品

（3）案例 3。

参与学生：蒋家豪、杨苗苗、韦燕静，上海工艺美术职业学院 G17242 级产品设计班。指导教师：金一歌。

故事：你说什么（图 1-55）。

很久之前，✈ 撞到 🌑 引发了大爆炸，导致了绝大多数的 🪲 灭绝，但有一部分 🌸 适应了地球的变化，顽强地生存了下来，👣 从这些生物当中脱颖而出 ↖，创造了 🏮，每个人都在社会当中扮演着不同的 🎭。试想一下其他 🐝 也在自己的圈子里扮演着不同的角色，他们也会互相交流，那 👣 怎么了解他们的圈子，参与他们的交流呢？

陨石

地球

人类

科技

发展与上升

身份与角色

图 1-55 故事方块图案

生物

生物

生物

图 1-56~ 图 1-58 所示为设计思考方向延展的学生作业。

肢体／眼神、声音、动作、触摸等

人类了解动物信息传递，不仅可以保护动物，更重要的是能保护人类自己

图 1-56 设计思考方向延展 1/学生作业　　接收信息的方式：听觉、视觉、嗅觉、触觉、紫外线探查等

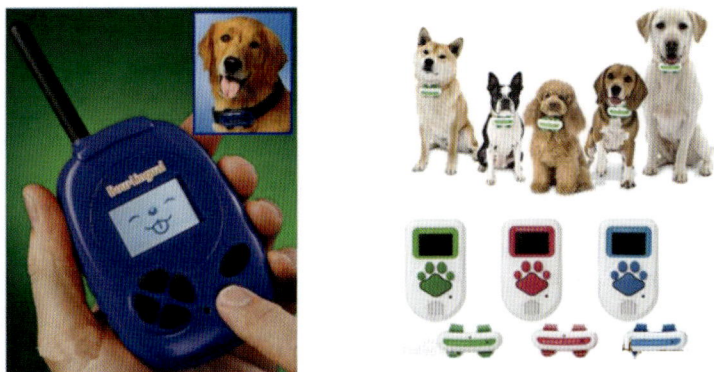

狗语翻译机利用的是原本用于侦破工作的声纹技术，能够分析出狗吠声代表的不同含义，包括看见陌生人、打架、散步、孤独、看见球状物以及玩耍等，帮助人们更好地理解狗的基本情绪。狗语翻译机首先对狗叫声、

图 1-57 设计思考方向延展 2/学生作业　动作等信号进行采样

图 1-58 设计思考方向延展 3/ 学生作业

体验篇

（中级能力培养）

chapter

2
体验的艺术

> 设计从来离不开眼和手，而智慧则
> 来自眼智、手智、心智的结合。
> ——诸葛铠

项目目标

　　培养学生认知和感悟日常生活及身边事物中潜在问题的
能力；让学生在亲自动手中体验创意思维的方法及运用，并将
创意思维应用于实际项目的产品设计中；要求学生通过典型课
题及实际项目的短期训练掌握基本的创意技能。

项目描述

　　通过理论与案例讲授，学生理解创意与动手体验的关系；
通过对实验过程中的不稳定的感受、多种可能性的探索、偶
然的发现，培养学生善于探索、求新求变、积极探究的创造
性能力，帮助学生做出与创意预想接近的设计。

创意就为改变世界

1. "创新"的定义

奥地利经济学家熊彼特这样定义"创新"一词：在经济活动中，将生产手段、生产资料和劳动力通过异于往常的方法进行新组合的做法。新组合是创新的关键，其内容包括生产要素与生产手段。使用一种新的产品，采用一种新的生产方法，开辟一个新的市场，维持原材料或半成品的一种新的供应来源，实现一种新的组合。

创新并非去开发新产品、新技术，而是重新组合已有资源，创造新的经济价值。创新对拥有创意的人来说是一项充满机遇的挑战。

例如 2017 年 Tyvek® 品牌诞生 50 周年，杜邦公司发起的 For Greater Good ™——杜邦™ Tyvek® 创意设计大赛，号召大家一起挖掘 Tyvek® 材料的无限潜能，创造更独特、更具科技含量的设计与创意产品。MOON & CLOUD 系列设计作品（图 2-1）获得此次大赛的大奖之一。MOON 可以是家居灯也可以作为大型的空间装置，充分利用杜邦 Tyvek® 特卫强材料的高漫反射特性，使得光在空间中更加均匀，结合极简并赋予其变化的图形激光切割工艺，完美呈现了皓月般的空灵纯粹。CLOUD 从 Tyvek® 超轻柔滑的质感出发，灵感来源于云朵，图形化处理后通过激光切割、镂空与透叠，营造出云端般的视觉感官，适用于室内遮光帘或分割空间装置。

创新的启示或构思的灵感来源可分为两大类：

（1）解决日常生活中的不便之处；

（2）天马行空的想象如何给消费者带来快乐。

创新是一种态度，创意是一种习惯。

图 2-1 MOON & CLOUD 系列设计作品（2017 年 Tyvek® 创意设计大赛作品）

2. 创新的捷径

创新的捷径是会玩！？

在通常的学习、研究中，"玩"是大敌，但在创造新想法的时候，"玩"则起着重要的作用。有时，被认为无益的东西往往隐藏着重大启示。对自己感兴趣的事情追寻到底，会有新的发现。创造各种玩法吸引人们加入游戏的创造力，都来自"玩"这一个概念（图 2-2~图 2-4）。

图 2-2 ┃ 图 2-3

图 2-4

图 2-2 SADA 设计风暴项目课程提案 1
图 2-3 SADA 设计风暴项目课程提案 2
图 2-4 上海工艺美术职业学院学生赴德
国海外实训项目课程游戏

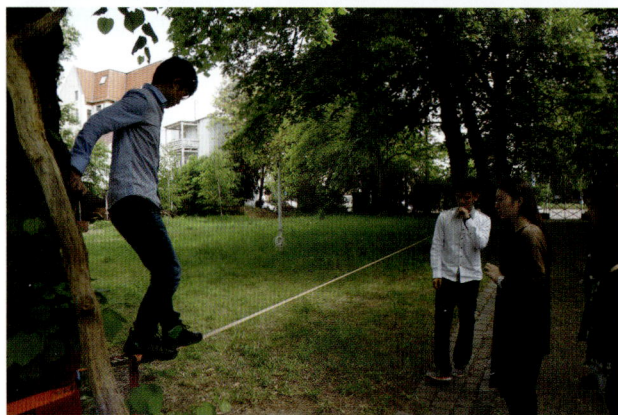

人一生中可以经历许多体验，大脑会把当前的经历与过去的经历进行分离、整理，每个人在体验中都会根据自身的情况，努力创造出新的体验。体验本身就是一种再创造。体验需要动手，鼓励学生走进工作坊，发挥自己的特长，使用自己最擅长的表现手法，用实验性的方法来发现问题、求新求变、积极探索。用"玩"的方式去了解工业生产过程。

体验设计就是创造新玩法，玩法的多样性会提升产品的价值。将一个原理或技术的玩法，通过可视化的方式加以表达，可以创造出价值。体验设计的重要作用就是以丰富多彩的想象来表现已有的技术和产品，以及新思维下的"价值可开拓度"，这将创造新的模式。

3. 好的设计

设计是为了解决某些问题而把构思和创意结合起来，使之通过各种媒体手段表现出来的过程。简单来说，设计可解释为"用表现解决问题"。

什么是"好的设计"？答案有无数种，其中一种是"有附加价值"。例如，从人类文明发展史来看，明式家具实际上是中国传统文人士族文化物化的一种表现形式，它比较突出地体现了中国传统文人士族文化的特点和内涵。因此，明式家具无论是在造型上、材料上、装饰上还是工艺上都体现出中国传统文人士族文化的特有追求：自然而空灵，高雅而委婉，超逸而含蓄，透射出一股浓郁的书卷气。中国提倡谦和好礼、廉正端庄的行为准则，明式家具造型浑厚，线条流畅，比例适中，稳重大方。从某种意义上说，用明式椅歇息，或许不是最佳方式，但它在仪式、社交上超越休憩的功能。明式椅对于使用者而言，似乎更关乎一种文化上的慰藉。也就是说，它拥有了基本功能和附加价值。

在好的设计中，附加价值很重要。附加价值有许多种，而价值是一种无形的东西，不同的人会有不同的感受。设计是以人为本，而非产品或金钱。以人为核心进行外延，有什么样的需求，就会产生什么样的设计。人类最初的设计，正是针对人们最普通、最基本的需要展开的。几千年来，不同的民族、不同的地理环境沉淀了不同的文化。不同民族、不同时代的消费品蕴藏着不同的审美情趣、审美理想、审美追求，表现出不同的民族性格、民族心理和人们对自我实现的不同追求。因此，设计并不仅仅针对产品，也需要设计其周围的"氛围"。既然产品和人相关，则诉诸人的"情感"或"本能"会更有效。也就是说，"直觉上能不能深受感触"是

很重要的，这也关系"附加价值"的有无。

Studio Dejawu 工作室 Tjena Kina(瑞典语，"你好中国"之意）木家具设计系列（图 2-5），设计师灵感来源于中国传统木建筑中的榫卯连接和斯堪的纳维亚简约主义设计，用地理与文化的"差异性"去寻求"相似性"。这种"实验的机会"并不是"答案的本身"，好的设计是通过行动去思考，不断探讨演进的机会。

图 2-5 Studio Dejawu 工作室 Tjena Kina 木家具设计系列

2.2

在实验中探索

猿人的双手获得自由使得人类文化发展的方向有了一个重要转折点。人类用手打磨石器来设计、制作最初的工具，直至今天我们用双手完成工作，用手势表达感情⋯⋯手的作用在我们一生中具有极其特殊的意义，因此亚里士多德将手描述为"工具

中的工具"。本杰明·富兰克林将手视为人的一个具有决定性的特征，他把手形容为"创造人本身的工具"。

人类用手在岩石上作画来记录最初的原始生活并作为传递信息的重要手段，也是艺术的最初

形式。图 2-6 所示为人类的进化与探索。设计与艺术一样也是从动手开始的，通过对手的训练，将"看""想""表达"一系列创意设计理念融合，这种设计的过程也是实验的过程。

图 2-6 人类的进化与探索

1. 导向问题意识

通过发散性思维，产生一个绝佳的概念并让人激动不已，虽然这个过程看似简单、理所当然，事实上，将习惯性思维模式的僵局转变成多条发展的"思维线"模式需要经过一定量的训练。

设计师常常会被绝妙的概念冲昏头脑，以至于忽略许多基础而且重要的东西。当设计师构思概念的时候，应该慎重考虑许多关键问题：

功能是否实用？

设计能否实现？

逻辑上切合实际吗？

与理论观念有冲突吗？

符合实际生产吗？

是否满足市场需求？

思考以上每一个问题，将它们作为检验设计的标准。

设计的目的是发现问题、提出问题与解决问题，而事实上发现问题最不容易。要做到在我们日常生活中发现问题并提出问题，需要从不同的角度观察事物。

（1）不解导向的问题意识。

在生活中，我们经常会遇到某些事情，这些事情会让我们产生疑惑。一旦产生疑惑，一些人会运用"刨根问底"的方法进行一系列追问，而这样的追问会逐步得到问题的答案。

（2）不满导向的问题意识。

原研哉说：设计不是一种技能，而是捕捉事物本质的感觉能力和洞察能力。在敏锐的洞察能力之外，设计师应该具备"找碴"的能力。为了达成目的必定会遇到许多问题，因此我们必须要有计划、有步骤地进行设计。当然，这并不意味着将我们的创意思维统统推倒重来，而是力求对设计做最小的改变以产生最大的收益，并避免最终的设计有悖于现实而无法实现。问题解决的方案也往往不止一种，判断与解答的过程是将观念重新组合，形成新观念的过程。

品牌介绍、书籍推荐、大师介绍请扫描上方二维码查看。

拓展学习 1

什么是无印良品

2. 鼓励"实验精神"

消费者在购买产品和使用产品的过程中，往往把自己作为故事的主角。设计师通过对生活情境的观察，了解物品在生活中扮演的角色，营造物品的使用环境。

实验对设计师而言，是材料上的、结构上的、功能上的……这些实验总是伴随着随机性与可能性。实验强调的是过程而不是结果，在这个过程中需要主动探索与锲而不舍的精神，每一步都需要借助一定的形式表达出来，与自己的内心或者与他人沟通交流。设计中也应鼓励这种"实验精神"，因为实验不仅是在验证创意，而且为创意提供了更多的可能性，拓宽了创意的思路。我们在思索的过程中，表达的形式与方法有很多种，如语言、文字、图形、实物模型等。每一种方法在研究过程中所发挥的作用是不同的。如设计师借助产品的模型，可以理解为"先前的形式"，即产品设计作品处于非最终成品状态前的某种形式。这些非最终成品带有明显的探索性与实验性特征，可帮助设计师洞察创意的可行性、测试创意预设条件和收集反馈意见等（图 2-7、图 2-8）。这个过程中，动手与动脑是同步的。

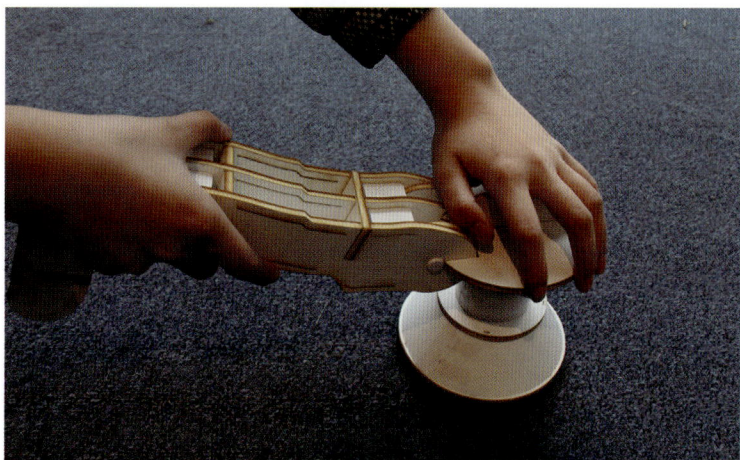

图 2-7 上海工艺美术职业学院学生赴德国海外实训项目手持电动机产品原型阶段的探索与思考

3. 材料探索

作为产品设计师，我们经常会在心底发出这样的疑问：

为什么做出来的产品和我的图纸差别这么大？

为什么做出来的产品和我当初的创意不一样了？

为什么最终的设计成品没有将我的创意表达出来？

产品设计是一门应用性学科，对材料及工艺制作技能的理解与掌握是产品创意思维的实现手段。设计师这个群体个性鲜明、思维活跃，自我意识比较强烈，他们并不满足于被动的学习，渴望有充分自由的创作空间。设计师们想方设法运用新材质和新材料，挑战传统的思维模式（图 2-9）。同时设计师采用不同的方法和技术进一步探讨创新、实验，因为它们亦是组成创意思维最本质的部分。

图 2-8 上海工艺美术职业学院学生赴德国海外实训项目手持电动机实验用模型，设计：惠欣

图 2-9 设计师运用新材质和新材料挑战传统的思维模式

标准化设计是德国包豪斯在 20 世纪提出的"产品部件按标准化的形式进行制造的生产方式"。如今的消费产品绝大多数都是标准化生产而来的，例如注塑件和冲压件充斥着人们的日常生活。但这种科学的生产方式在制造一件件一模一样产品的同时，是否抹杀了制造过程中的可能性和差异性？当今设计师的职责其实早就超出了设计器物本身。非标准化设计就是鼓励设计师创造出新的造物方法。在这种新的制造流程中，一部分控制权可交给材料特性本身，这些脱离了标准化的产品每一件都有它的独特性和未知性，而这些不可控的部分让人着迷与惊喜。事实表明，设计只有通过大量的动手操作与亲身体验，才能不断总结、反思与更新，才更能激发创意灵感的火花。

非传统材料和器物之间的碰撞创意如图 2-10~图 2-12 所示。

图 2-10 Pewter Stools Designed by Max Lamb / 在沙滩孔洞中铸铝成型的坐具系列

图 2-11 Faceture Designed by Phil Cuttance 纸模具＋旋转成型＝多边形产品系列

图 2-12 其他

4. 体验，从自己开始

首先，以自我为本位，自己是不是也很愿意体验，这一点很重要。设计师需要从用户的视角看问题，重视自己作为用户时的看法和感受。体验是一种细致的活动。例如，沿着公园的幽径漫步，在林间的光影中感受鸟语花香；循着小镇的旧巷奔跑，在阑珊的街灯中寻找儿时的欢声笑语；坐在房间的火炉旁私语，在温暖的视线中体验默默关爱……无论是视觉、嗅觉、听觉，还是行为、情感，都是一种生活的体验。原研哉在《设计中的设计》中提到过设计师佐藤雅彦的日本出入境印章的设计，设计师将原有的方形与圆形替换成一架向左、向右的飞机来表示出入境的差别。这个案例使用了飞机的图形，在情境层面给予用户以情理之中、意料之外的惊喜，在意境层面将温暖和关爱传递给了每一位赴日旅客，这样的设计方式和思考非常优美动人。

学习活动5：实验中起步/在制作过程中体验创意

任务训练7：借光

任务内容：

最大限度地控制光线，来获得最佳光影效果。制作实物模型，手法不限，材料不限。

任务要求：

（1）挖掘各种材料的不同特性，如软硬、粗细、新旧等，在光的投射下改变原有的视觉特性，从印象与情感的角度体现材料所蕴含的意境。

（2）对于材料心理效能的体验，重点并非利用材料原有状态，而是通过对材料的理解使材料通过光线构成有生命的形态。

（3）发掘自己的想法，并转化成一个物品，体验并思考人与这个物品的关系。

知识点：

情感主导、情境设计、实物体验、人与物之间的关系。

能力点：

团队合作能力、设计构思和模型制作的能力、归纳和设计想象能力。

教学方法：

问题导向性的行动导向教学（主要过程为厘清问题实质、确定结构、解决问题和实际应用结果，培养设计思维能力，头脑风暴法、优劣势分析法等运用能力）。

考核要点：

（1）视角独特，充分体现对光线造型的理解。

（2）充分发挥所选材料的特性。

（3）模型制作准确，且很好地体现设计的人与物之间的情感交流。

考核方法：

（1）作品创意部分45%。

（2）模型制作部分45%。

（3）作品展示部分10%。

参考学时：

12学时。

我们生活在光的世界里，光源分为自然光与人造光两种。自从电灯被发明以来，灯光成了人们生活中最重要的一部分。直到今天，灯具更是从"提供照明"演变到"创造情感"。对于灯具设计，产品设计师的工作在很大程度上就是控制光线。在现代设计艺术中，可直接把光当成造型要素来完成一件艺术品。在造型学中，"光的构成"是一个研究课题。以光作为材料去进行艺术创造，是现代设计的新领域（图2-13）。

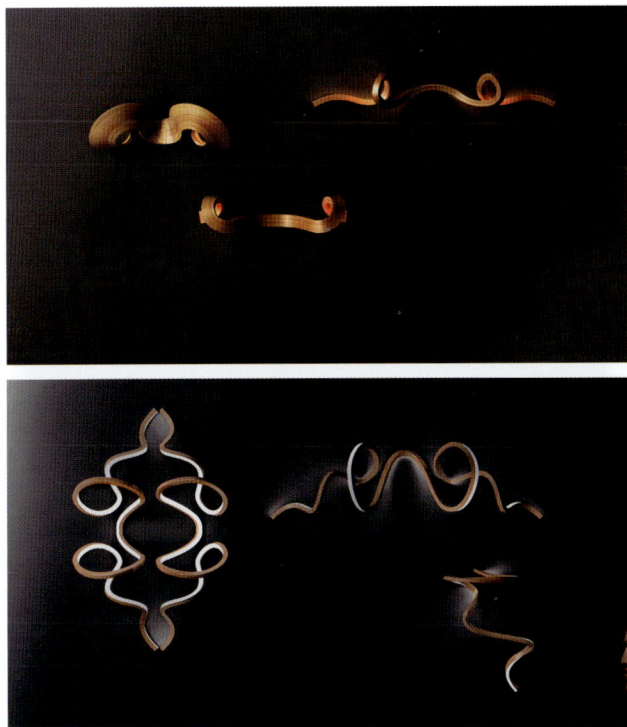

图 2-13 Straight & Band，作者：Katerina Semenko

本任务要求通过发现各种可利用的材料，利用"借光"的概念转换设计定义，改变材料原有的视觉特性，创造可能。

（1）发现新材料，研究可能带来的新视觉感受。"新材料"不是从来没有过的新科技，而是可能未被发现的、能产生新视觉感受的材料。

（2）这是一个探索的过程，并非所有未被使用过的材料都具备光线造型的效果，但要勇于探索，尝试新材料，从失败中吸取经验，需要极大的耐心和勇气去实验，用手去"思考"。

（3）重点并不在于对原有材料的利用，而是通过对材料的理解使材料通过光线构成不同的形态，让人在视觉和触觉上产生新的感官刺激。

通过"借光"的概念与训练提高设计者对材料的敏感性与把握能力。设计者带着"另一种眼光"

去看待周围的事物：这个玻璃器皿有质感，那个编织物或许可以用。如果在我们的脑子里这样的积累越来越多，离"产品设计师"的距离就会越来越近。

创意开始时，我们鼓励这种"实验精神"，因为实验不仅是在验证创意，还为创意提供了更多的可能性，拓宽了创意的思路。我们常说设计的本质是发现问题与解决问题，实验一般就发生在解决问题这个阶段。在这个阶段，创作者会动手制作与实验，尝试一切新材料、新技术、新工艺，探索新的表现形式的可能性……在这个全新的动手体验过程中又伴随着新灵感的产生，艺术与设计都转化为实验。

图2-14~图2-23为上海工艺美术职业学院学生对学习活动5的部分成果展示。

图 2-14 G17241 级刘思佳、邱丹云成果展示

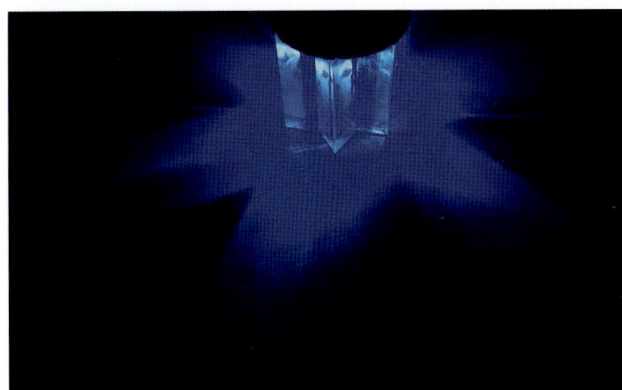

图 2-15 G17241 级郑凯峰、叶皓培成果展示

图 2-16 G17242 级马双林、周艺成果展示

图 2-17 G17242 级朱咏琦、赵晶成果展示

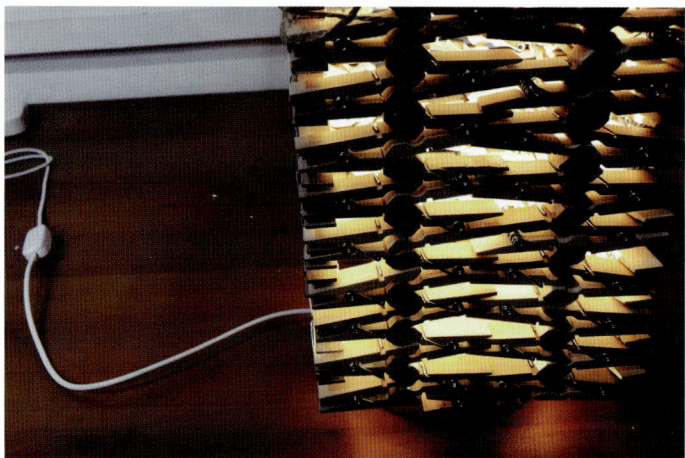

图 2-18 G17242 级李小红、何方、靳方圆成果展示

图 2-19 G17242 级李洪猛、岳钰航成果展示

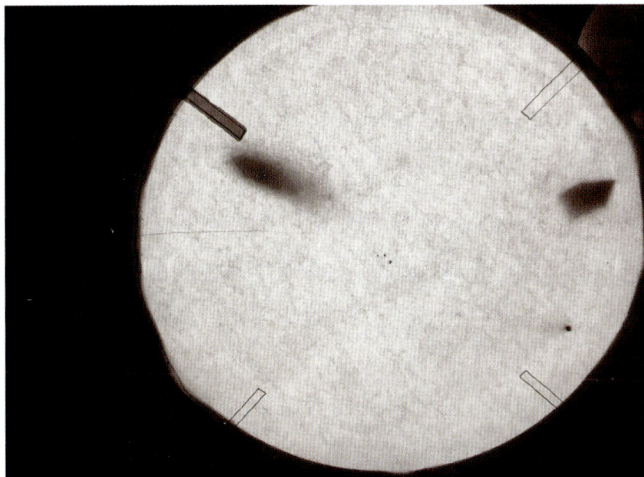

图 2-20 | 图 2-21
图 2-22 | 图 2-23

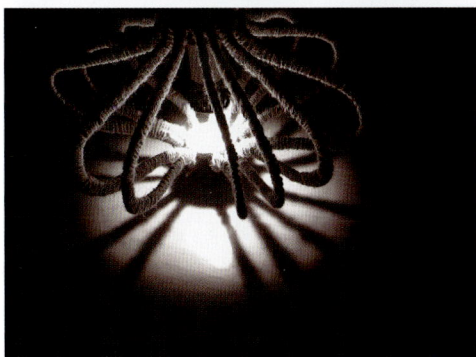

图 2-20 G16242级张宇杰、王雨鹤成果展示　　图 2-22 G16242级周芮多、秦浣依成果展示
图 2-21 G16242级李奕敏、陈娟成果展示　　图 2-23 G16242级孙天宇、吴一凡成果展示

拓展学习2

灯具设计案例分享

灯具设计案例分享请扫描上方二维码查看。

学习活动6：注重体验的设计

"创意无界"——上海工艺美术职业学院产品艺术设计专业学生赴德国莱比锡设计学校及德累斯顿工业大学海外实训项目案例分享。

项目宗旨：

通过注重体验的设计，将创意实现具体化，鼓励学生走进实训工场，尝试使用各种材料与方法，培养学生掌握产品设计领域相关的技术与专业技能。这也是德国包豪斯所提倡的艺术设计教育理念——从做中学，从做中想。

任务训练8~任务训练10为德国莱比锡设计学校海外实训项目案例分享部分。任务训练11为德累斯顿工业大学海外实训项目案例分享部分。

任务内容：

由写有名词和形容词的两组不同词性的词组为开端引导课题。

任务要求：

（1）德方教师提供数个"词组"，要求学生在毫不相干的两个词组中找出关联性，可以是文化、材料、社会化、生产方式等，发挥想象，用图形的方式进行表达。

（2）改变思维定式，调整看问题的方式。

学习考评：

（1）打破原有的思维定式，通过头脑风暴进行分析与评价，使学生掌握系统化方式来自主学习。

（2）成果与概念在最终展览上发表，小组陈述设计思路和理念，接受中德教师及各组同学的评价。

提前把准备好的多个名词、形容词词组写在白色卡片和红色卡片上，通过随机抽取的方式分别选择一个名词与一个形容词进行组合，产生的结果成为初步的方向定位（图2-25）。

顽皮的词组
NAUGHTY PHRASE

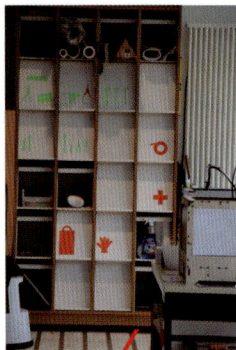

由写有名词和形容词，两种不同词性的词组为开端引导课题。

图2-24 顽皮的词组

图2-25 词组组合

词组举例见表 2-1。

表 2-1 词组举例

名词	剪刀	木条	叶子	笔	云	抹布	扫帚	…
形容词	伸长	活动	花花绿绿	彩色	长	神奇	优雅	…

事物不是在相同的思维框架内连续发展的，而是在不断地突破思维框架的情况下发展的。用一些别人没有用过的词汇，对事物产生一种新的想法，是一件不容易的事情，它需要学生对思维系统进行改造、重启，并调整看待问题的方式。学生每人手中取得一个名词及一个形容词，分别从所取得的两个词组出发，进行思维转换（图 2-26），通过一个词联想出更多与之相关的词汇。

图 2-26 学生从手中所取得的两个词组出发，进行思维转换

把这些发散出来的两组词组进行组合，产生更多不同的组合词组，从而产生新的想法和设计思路。画出初步的方案草图（图 2-27），通过讨论与分析，进行筛选与改进，确定可实施的方案。德方教师鼓励学生尝试动手制作表现设计思路的草模（图 2-28），并要求学生记录与整理所有材料与制作过程，保证设计从开始到结束都具备设计流程的完整性。

图 2-27 画出初步的方案草图　　　　图 2-28 学生尝试动手制作表现设计思路的草模

学生与中德产品设计教师围坐于发表教室，完成持续两天的任务训练发表（图 2-29）。整个发表现场，德方教师给学生示范如何严谨而有序地布置场地及作品，以表达对设计作品的尊重和对发表成果的重视。让学生亲身经历从"将就"到"讲究"的转变过程，体验细节决定成败的关键。学生分 10 组分别介绍自己的设计作品，相互讨论及交流，收集每组不同的质疑点或者可以改良的观点，以及可行的、可不断完善的设计思路。通过两天的实训，学生应学会迅速捕捉大脑中的影像，在要求的时间内快速思考并尝试解决问题，让产品具有可行性。德方教师充分引导学生的个性思维，鼓励学生尝试用试验材料来体现作品。

总结：

如果仅仅是两个词组的出现，很有可能依赖以往的经验形成认知，把它们直接组合在一起，墨守成规，拒绝考虑其他可能性。通过该项目的训练，学生从中学会了思维的发散不能局限在显而易见的表面上，而是要分析它所具备的各种特征，从多个角度出发，发散思维。它需要学生持续不断地观察，改变思维定式，才能产生更多、更新颖的创意。最终的发表也是必不可少的环节，集合每人不同的观点，避免个人思维的局限性，发现更多的问题。

图2-29 学生与中德产品设计教师围坐于发表教室，完成持续两天的任务训练发表

任务训练9：沟通与交流（图2-30）

任务内容：

情感体验设计，要求两人为一组，能够在两人同时使用的过程中有沟通与交流表现的产品，使该产品成为人与人之间沟通的独特桥梁。

任务要求：

（1）两人为一组团队合作机制，产品具有情感交流及相互沟通的可能。

（2）要求学生发表时提供1∶1功能模型。

学习考评：

（1）通过强迫的组合思考方式，让学生站在不同立场来解决同一个问题，训练学生的变通力；训练学生在短暂的时间内打破框架规则，对事物或问题进行重新审视、定义。

（2）着重设计过程中的试验性方法。

（3）学生以编剧的手法来设计，用幽默的方式表达、发表及使用功能模型。

形式服从功能，即产品的形式必须紧紧围绕其核心功能，不能脱离核心功能而追求附加的功能或形式。形式追求体验，是"形式服从功能"的进化，产品更加注重追求精神的体验。

沟通与交流
COMMUNICATION
AND
EXCHANGE

这个项目以两个人为一个小组完成，课题为沟通与交流，所以要求两个人在使用产品的
过程中有沟通与交流的表现，使设计的产品作为人与人之间沟通的桥梁。

图 2-30 沟通与交流

在明确课题之后，进行两人一组的分组讨论（图 2-31），思考生活中哪些地方需要沟通与交流，或者在日常沟通、交流中遇到的阻碍。从问题与需求出发，设计师给予的不仅仅是产品的外观，更多的是借助手里的创作物对"人之所以为人"这个存在性的外在情绪的表达。同时，把握产品的实质，使得实质和形式相融合，和谐统一。学生把想到的多个点都用草图的形式表达出来，与组员和教师进行讨论，得出可行的方案，完善可以做成产品的草图，开始制作模型。这种与主题结合的创造力训练，是创意具象化的过程，是使创意思维条理化、可实现化的过程。

图 2-31 分组讨论

学生通过模型制作，并根据自身不断使用及体验所获得的感受，改良与完善产品的形态，从可行性出发来完善模型（图2-32）。通过两天的训练，学生在课堂上展示与表演自己所设计的产品（图2-33），并完成沟通和交流的整个过程。

图2-32 改良与完善产品的形态，完善模型　　图2-33 学生在课堂上展示与表演自己所设计的产品

总结：

设计者从实际使用出发，制作1:1的功能模型，目的是在实验的过程中，设计师可以从使用者的角度进行设计。在这个阶段，设计者动手制作与实验，探索新的表现形式的可能，没有推测与臆想，只有亲身体验。这有助于设计的验证，也能催发创意。

团队合作是从创意到实验必不可少的经历，实验的过程往往无法一个人完成，团队合作是创意产生与实现的保障。设计思维寻求对创造力的解放，群体思维会激发无法预料的行为与反应。

任务训练10：有趣的差别（图2-34）

任务内容：

注重体验的设计。

任务要求：

（1）要求学生利用周末沿着莱比锡公园漫步，在林间的光影中感受鸟语花香；沿着城市旧巷及街道步行，观察德国人的生活方式，用相机记录并进行分类，提出问题。

（2）运用头脑风暴法。

（3）要求学生发表时提供1:1的功能模型。

学习考评：

（1）从视觉、嗅觉、听觉、行为、情感等认知中，学生体验来自外部物质世界的压力。

（2）学生从系统角度来分析问题以及方案对问题解决的有效性，注重体验的设计。

（3）模型展示及发表。

在项目开始之前，每人从所拍到的照片中选出四张可以表达四种不同特点的打印出来，把所有照片集中放在一起，每人介绍自己所拍照片中的景或物的特点以及选择原因。同时进行照片分类，将特点相同的照片放在一起，并用便利贴写出特点，贴在旁边。每人再从分好类别的照片组中选择将要进行下去的方案，选择相同方案的可以分在一组，最终以 3~4 人为一组，共三组。

有趣的差别
INTERESTING DIFFERENCES

提前准备：在休息的时候，到德国的街头拍照片，找出德国的特点。

图 2-34 有趣的差别

分完的小组给自己所要继续的类别取一个主题名称，如城市户外运动。通过十字坐标法进行四个方向的思维发散：地点、人物、物品、关系。从每个方向中选出一个关键词进行组合、头脑激荡（图 2-35），在众多的现象、线索、信息中，朝着问题的一个方向深入，小组成员选择一个自己喜欢的方向，根据已有的经验、知识得出最好的解决方案。这种强制联想法就是运用联想的原理，强制使用两种或多种从表面上看没有关系的信息，使之发生联系，产生新的信息，从而产生创新设想。小组每一位成员都把自己的想法写在或画在纸上，与教师交流自己的想法，并与其他小组互换组员，听听其他成员对自己的建议和想法，综合起来能够拓宽集体的思维，也能够激发出更多的创意。

图 2-35 头脑激荡

　　讨论结束之后，各小组自行汇总，达成一致意见后确定方案，开始准备模型，利用软件建模辅助或者草图及现有工具，表达各自的想法，呈现想要展现的效果。通过前期的准备，组员分工合作，走进实训工场，尝试各种材料与方法，找出合适的表现手法进行模型制作。

　　图 2-36、图 2-37 为学生模型展示。

图 2-36 汪迪、叶小菲、王媛媛设计

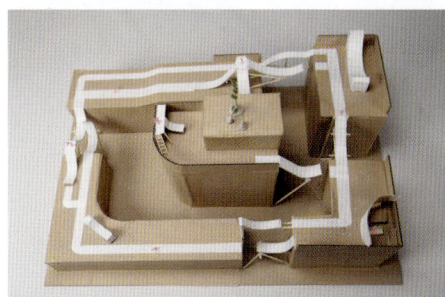

图 2-37 吴思超设计

总结：

　　该项目开始的资料收集锻炼了设计者捕捉事物本质的感觉能力和洞察能力。通过依靠强制性步骤迫使学生进行联想，从而将思路从熟悉的领域引开，到陌生领域中寻找启示与答案。促使学生克服思维定式，使得有限的思维信息增值。在动手的过程中去学习和掌握相关的艺术技法与专业技能。

任务训练 11：从创意到实现（图 2-38 ）

任务内容：

　　手持电钻创意与设计。

任务要求：

　　（1）介绍完整的工业设计流程，让学生选择一个目标组，做出合适的解决方案。

　　（2）使用 3D 打印技术，制作 1：1 手板模型。

学习考评：

　　（1）培养设计创意思维的实践能力及执行能力。

　　（2）成果与概念在最终展览上发表，需要教师、设计师对作品进行教学评价。

　　德累斯顿工业大学工业设计专业校内的小型实验室服务于德国的信息、机械、电子领域的设计与研究项目。项目开题后，学生参观工具市场，直观地体验市场上现有的手持电动工具，选择一款自己喜爱的、感兴趣的手持电动工具，拍照记录并列举优点，用希望列举法提出各种新设想，用具可行性的希望点辅助具体目标，与学生要做的设计相结合。

从创意到实现

FROM IDEA TO REALITY

通过展示往届学生的作品，了解设计的流程。并且展示了功能模型，让大家体验并发现它的优缺点，整理总结，把每一个点都写在纸上，优点点分开贴在一面墙上。并初步对优缺点进行了保留和改进。

图 2-38 从创意到实现

产品使用人群定位，从照片中选出人物或者场景开始人物设定，通过观察、调查、收集用户在使用产品中的客观情况（图2-39），如使用频率、使用内容、使用场景等用户典型行为模式，根据用户的喜好发现用户的品位，将调研的信息进行分析与整理，从特定的角色以及生活状况进行有针对性

的设计。每组都找到各自类型用户最在意的核心要点，其中有些比较独特，有些相互交融。由于各组调研用户群不同，他们的需求自然也不尽相同，当各组学生都有很好的设计机会点时，开始进入创意阶段。

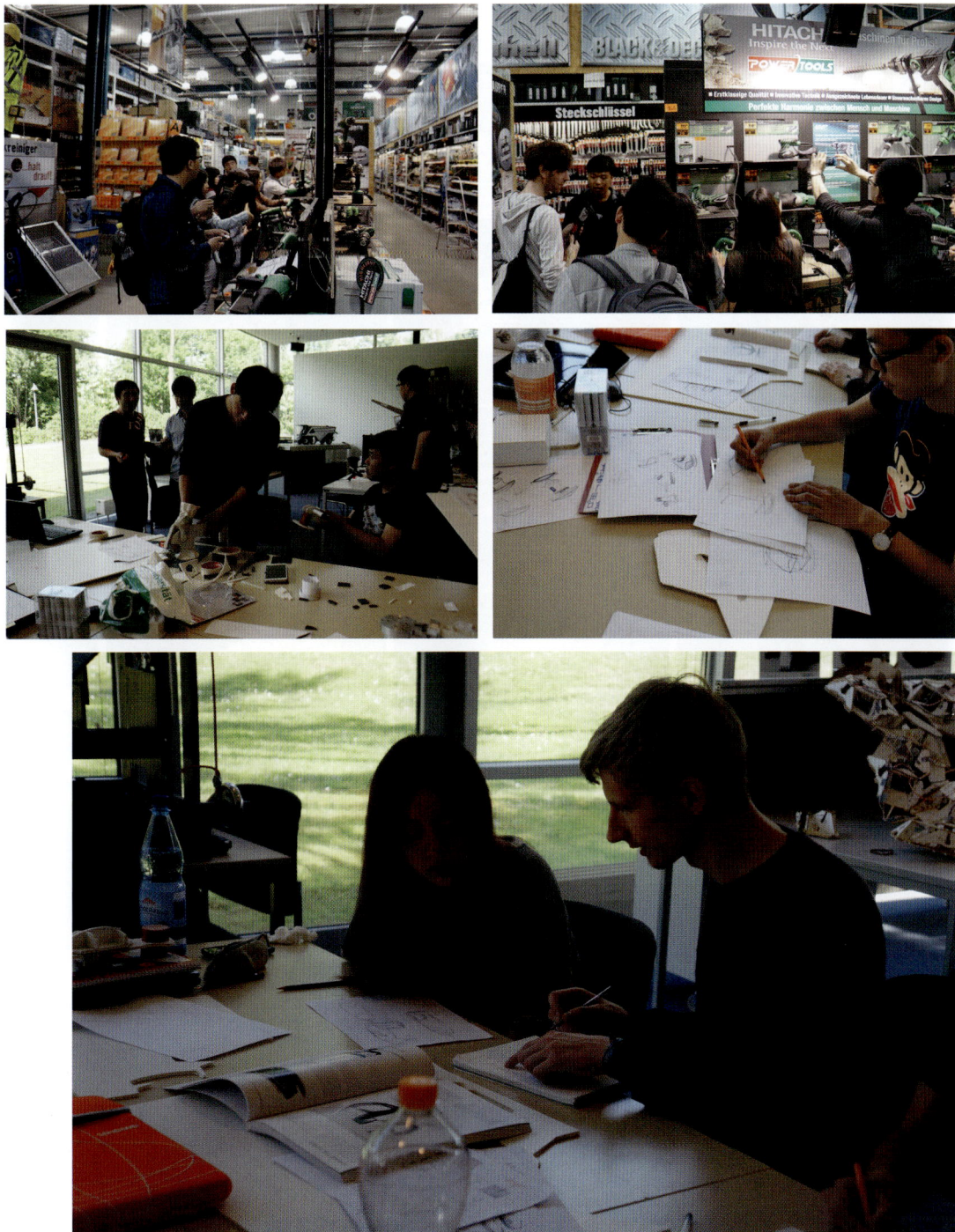

图 2-39 收集用户在使用产品中的客观情况

创意阶段寻找更多解决问题的办法，在明确了设计核心要点之后，开始草图绘制，利用 3D 建模来构思自己的想法，同时考虑内部结构，如电池的摆放位置、手握的舒适度体验、开关的位置、使用方式等。将自己的想法和教师交流，在确定了最优方案后动手制作足以表达该方案主要特征的草模。草模完成后邀请目标用户对其进行测试，根据用户反馈对模型进行修改，并重新制作模型。用 RHINO 做出 3D 图，并转换 AI 线稿，用激光雕刻机切割板材，利用切割好的零部件拼装，同时利用 3D 打印技术解决连接件及旋转问题，制作出旋转轴的结构。

经过一周左右的项目训练，上海工艺美术职业学院产品设计专业海外实训手持电动工具设计项目举行学生发布及总结会，学生作品发布设在德累斯顿工业大学工业设计专业校内的小型实验室中进行。学生分上午6组、下午4组进行发表。学生向各位嘉宾展示设计成果，由教师、设计师现场点评。

学生作品见图 2-40。

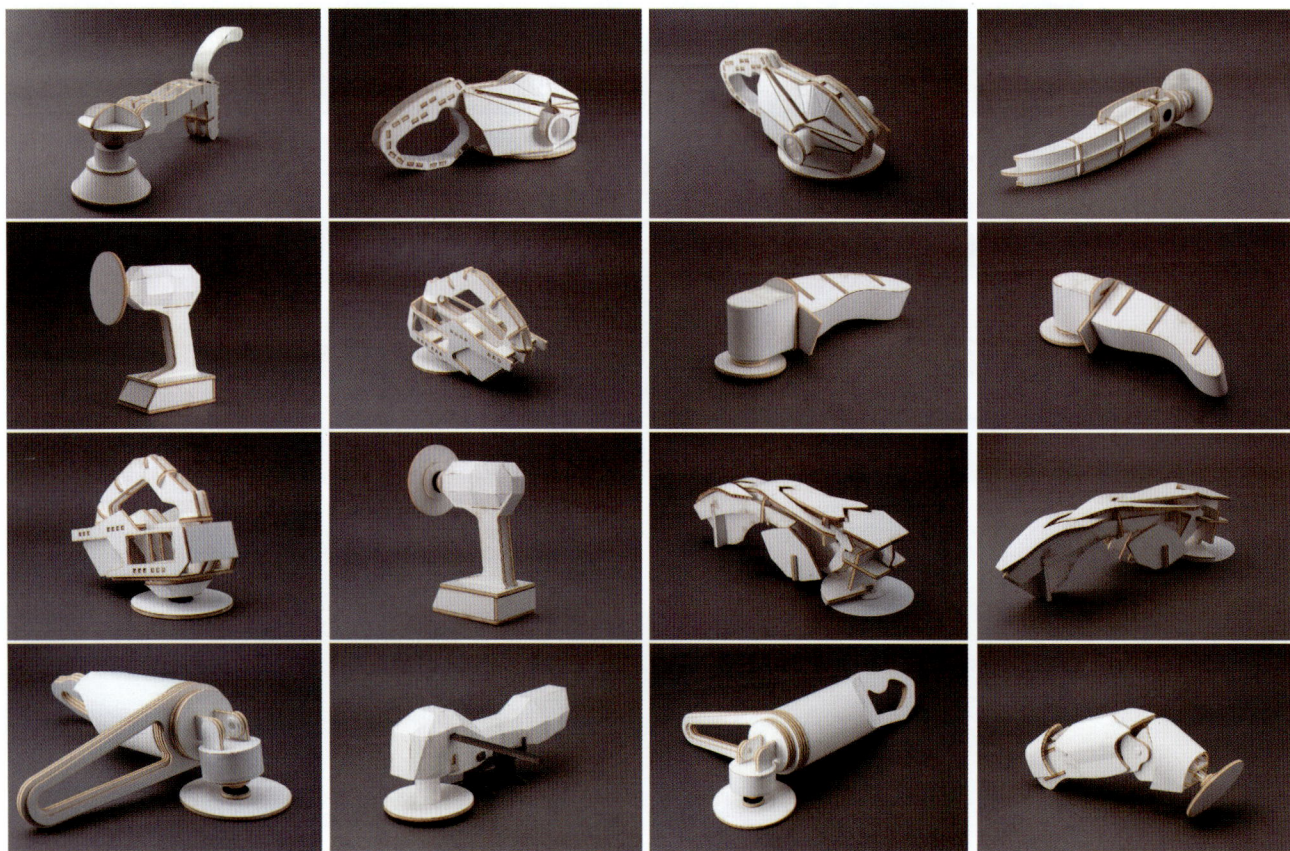

图 2-40 学生作品

总结：

此次项目研究是最完整的产品设计过程，运用以人为核心的设计工作流程进行了设计探索。从产品内部结构到用户研究再到发现创意，每一个方面都需要去考虑。学生通过此次任务训练，充分体会一个完整的产品设计所需要的严谨性，帮助其发现很多有价值的用户需求。

在约束中体验创意

从表面来看，突破常规的创意思维与给出限定的设计约束是对立的，但实际上二者却是相辅相成的，比如有时候创意思维在某些设计约束的引导下反而会得到意想不到的效果，以此为契机能找出合理的设计解答。设计约束是指设计对象本身所具有的特定限制条件，比如任何一项设计都必然存在诸如功能、技术、材料、工艺、成本及市场等方面的限制条件，甚至设计师自身也具有一些设计约束因素，包括专业技能、知识面、文化背景等。

然而，设计就是在多种限制条件下进行的创造性活动，设计活动的本质就是通过提取有效约束来建立约束模型并进行约束求解。

（1）客户约束。

一般来说，设计的起点就是客户需求。客户指的是那些有需要但又不能独立解决问题的人，因此他们会委托专业的设计师去执行。客户的需求可能基于自身对现状的不满，也可能来自终端用户的意见，又可能是面临的市场竞争压力……客户在委托设计师进行设计时，一般会将他们的需求制作成计划任务书作为设计的基本限制。然而，客户从其自身利益出发所提出的计划任务书不可能将所有约束都清晰地表达出来，甚至有些客户带有明显的个人喜好，这种情况下制订的计划任务书并不符合设计项目的实际状况。因此在某些项目中，需要设计师与客户之间的互动来对这些限制、约束进行创造性的探讨与调整。

（2）用户约束。

设计任务来自客户的委托，但一般来说，客户并不是设计预期的终端使用者。从表面上来看，设计师是为客户进行设计的，然而，如果追本溯源，设计的本质是为了提升人的生活质量，是为终端使

用者即用户服务的。因此，设计的前提是必须了解用户的生理与心理需求，通过这些需求的调查与预测，归纳用户约束条件，从而对创意进行指导。用户约束指的是设计应受到用户的思维与行动能力的限制，年龄、性别、身体健康情况、文化背景、经历等都影响着用户的思维与行动能力。例如，Flume Bathtub（图 2-41）是一款 Yanko 设计专为残疾人推出的浴盆，从用户约束的角度进行深入思考，采用跷跷板原理，即坐在轮椅上的人首先需要把双脚放到浴盆里，然后抓住浴盆上的扶手，滑到浴盆座位上，随着水位的不断上升，浴盆的另一端就会下降，最后浴盆保持水平位置。

（3）法规约束。

这里讲的法规约束，是指一般设计规范、规程、条例和设计标准对设计形成的限制与管束。迄今为止，法规约束已经渗透到设计的方方面面，包括从电器产品的安全性、广告的真实性到建筑的能量消耗等。

（4）制造约束。

设计的制造约束主要反映在那些涉及实际生产的一些限制条件。例如，对于产品设计师来说，制造约束包括产品制造所需的材料工艺、加工设备、生产费用等。其实，在设计构思阶段就要考虑这方面的约束，评价创意与设计的可实现性，并及时提供给后期制作人员，与其探讨和修改可延展的空间。这款名为"Friss Biotojás"的环保蛋包装（图 2-42）的创意设计，匈牙利设计师 Otília Erdélyi 从整个生产、运输与使用流程开始思考，包装由一整块纸板制成，较少材料的使用最大限度地降低生产成本；双三角的结构不仅利于堆叠从而缩小运输空间，还牢固地保护了鸡蛋，使取蛋的动作一气呵成。

fLUME Bathtub

Do not need electricity

Principle

The design came from an idea obtained from the principle of the seesaw. The bathtub lies tilted towards the seat of the bathtub where the center of gravity is. This allows for a disabled person to easily climb into the bathtub. After a disabled person climbs into the bathtub and fills it with water using the faucet on the right side of the bathtub, the bathtub begins to center itself gradually due to the weight of the water. After a person finishes taking a bath and begins to drain the water, the center of gravity of the bathtub slowly causes it to tilt backwards in proportion to the amount of water remaining in the bathtub. The user is now able to easily exit the bathtub.

1 Place both feet in the bathtub.

2 Grab the handles and slide into the seat of the bathtub.

3 As water fills the bathtub, it begins to tilt to the other side.

4 When it is filled with water, the bathtub becomes centered.

Insight

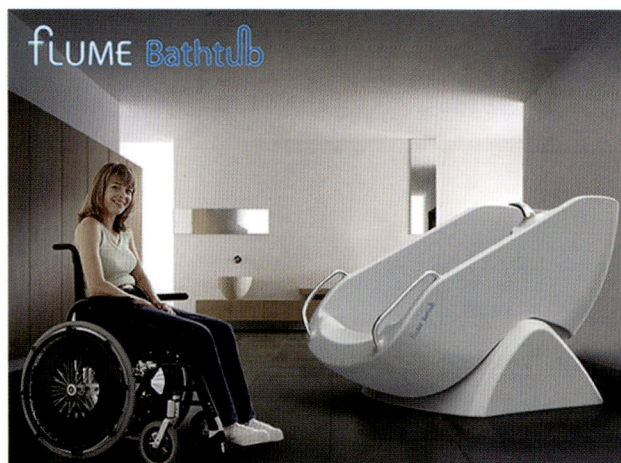

In order for a disabled person to take a bath, he or she must receive the assistance of someone else. Many disabled people, who experience the preconception of others, may be reluctant to receive assistance performing routine daily tasks.

Concept

This bathtub, which was designed using the principle of a seesaw, has a point of entry which is tilted so that it is easy for a person to move his or her body from a wheelchair to the bathtub. Also, upon entry, a feeling reminiscent of riding a slide is experieced which may cause everyone to want to try the use of the bathtub.

Inspiration IMAGE

Its design was inspired by the common slide found at playgrounds and swimming pools.

Someone help does not need.

图 2-41 Flume Bathtub

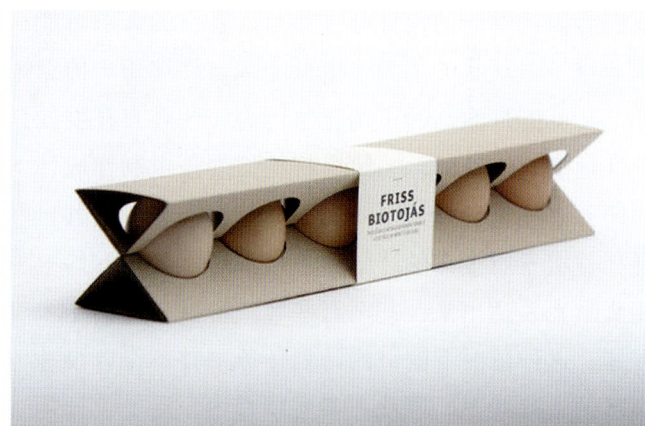

FRISS BIOTOJÁS
ÖKOLÓGIAI GAZDÁLKODÁSBAN TERMELT
A OSZTÁLY, M MÉRET (53G-63G)

图 2-42 匈牙利设计师 Otília Erdélyi 设计的"Friss Biotojás"的环保蛋包装

（5）文化约束。

文化约束一般会因为某些因素如历史、地域等而产生差异性，比如法兰西民族地处温带海洋性气候，良好的自然环境造就了法兰西民族追求浪漫的个性，时尚成为这个迷人国度奉行的生活准则；时装、香水这些体现浪漫、时尚的载体成了这个民族的代名词，洛可可风的延存与装饰艺术运动的渲染形成了一种华丽、经典的法国浪漫风格。德意志民族则比较严谨，因而德国的设计体现出严谨、重功能的品质，就连较为倾向艺术性的平面设计在这里也自由不起来。对于设计师而言，可利用文化惯例来传递设计情感与人文关怀，例如图2-43中用中国宜兴黏土制成的现代 HEI 茶具能提供更好的品茶体验。

图 2-43　现代 HEI 茶具

（6）生态约束。

人类自进入工业化时代以来，社会进步和生产力的发展给我们带来了丰硕的经济成果，同时也加速了资源、能源的消耗，并对地球的生态平衡造成了极大的破坏。生态约束一开始只是在伦理与道德方面对设计师形成意识形态限制，但现在越来越多的国家也将其纳入法律法规的范畴，以明文规定来对设计师进行严格的生态方面的限制。与生态约束对应的设计思潮就是生态设计，它是指在设计过程中引入生态约束，着重考虑设计的环境属性，如可拆卸性、可回收性、可重复利用性等，并将"减少环境污染、降低能源消耗"作为设计目标。这是一种"自然本位"的设计思想的反应，也体现了现代设计师社会责任心的回归。

藻类，又称悬浮植物，一般被认为是简单的植物。它们大部分生活在水中或者潮湿的陆地，通过光合作用繁衍，生长十分迅速。人们印象中的藻类，通常是富营养化水域中的污染制造者：绿油油的水藻里夹杂着死鱼味和腥臭味。但在悉心培养下，藻类的绿也可以美得很纯粹。不仅仅是外表，藻类还有很多很优良的特点，如生长很快；只需要光照、二氧化碳、水分和简单的养料；部分藻类可食用，含有丰富的营养物质；可净化空气，释放氧气；可作为燃料，产生能量；美观，等等。

近年来许多产品、景观设计师都开始将藻类作为载体，研究其各方面的潜质，各种有趣、美妙的设计也相继产生。例如 Jade Flow（流动的翡翠）是中国台湾设计师 Chialing Chang 的作品（图 2-44）。他利用光照和藻类在水中的流动模拟自然翡翠的质感。

图 2-44 Jade Flow（流动的翡翠，中国台湾设计师 Chialing Chang）

（7）设计师约束。

作为设计任务的执行者，不同的设计师有着不同思想、理念、文化背景、经历等。另外，崇尚自由的设计师有着极其感性的一面，从而使设计充斥着自我色彩。因此，在整个设计过程中，在客户、用户、法规、制造、文化、生态等各种客观设计约束前提下，设计师主观能动性的发挥也给设计带来

不可避免的、潜移默化的约束。这种约束与设计师自身相关，使每件设计作品都凝聚和折射出设计师的主观意识。设计师约束一方面促成了设计创意的个性化与情感化，另一方面也因为设计师的偏爱与执着容易将设计引入"偏向性误区"。设计师总是期望进行突破客观约束的创造性设计，但这需要建立在良好的团队协作与设计师自我认知的基础之上。

学习活动7：制造约束/换位思考

任务训练 12：人体支撑物设计

任务内容：

瓦楞纸广泛应用在商品的运输包装上，但完成了包装功能随即成了废弃物。以废弃的瓦楞纸为材料，设计足以支撑设计师人体重量的装置。尺寸要适合设计者自身坐姿高度。

任务要求：

（1）作为纸张的瓦楞纸有其脆弱的一面，也有其坚韧的一面。充分利用这种材料的特点进行结构设计。

（2）在研究过程中，包装瓦楞纸为限定材料。杜绝使用一切与材料黏结有关的物品，例如铁钉、白胶等，用瓦楞纸自身的形态结构起到连接、组合、自由拆卸的作用，具有一定的美感。

（3）要求写出 200 字左右的设计说明，包括设计者与支撑物关系的照片等。

知识点：

情境设计、体验设计、人与物之间的关系、产品实施。

能力点：

团队合作能力、创新思维能力、模型制作能力。

教学方法：

问题导向性的行动导向教学（主要过程为厘清问题实质、确定结构、解决问题，培养设计思维能力，头脑风暴法、优劣势分析法等运用能力）。

考核要点：

（1）对瓦楞纸的分析与探索。

（2）瓦楞纸的应用构思与发散。

（3）瓦楞纸造型的美观性。

考核方法：

（1）作品创意部分 45%。

（2）模型制作部分 45%。

（3）作品展示部分 10%。

参考学时：

4 学时。

任务分析：

（1）换位思考，从研究起步。

可以把所有的设计、研究的过程都归纳为"提出问题—定义问题—解决问题"的过程，或称之为"程序"，这个程序本身并不能给具体问题带来答案。事实上，设计研究过程中的每一步都需要创造力。这种创造力体现在设计研究者身上就是具备创新思维。那么，创造力能否通过学习、训练而获得？创新思维包含哪些内容？

提出问题——"研究"。

如果说设计过程是"解决问题的过程"，那么设计的前提可以看成是"寻找问题"阶段，而"寻找问题"的路径和方法会影响设计结果。我们把这个过程称为"研究"。

英文中"研究"（research）源自中古法语，意思是彻底检查。简单地说，发现问题的过程就是研

究的过程。在工作、学习中，只要不安于现状，时刻思索钻研，并善于捕捉自己思想火花与智慧的灵感，"研究"活动便开始了。

在设计过程中会面临各种判断。早期的判断，会在很大程度上影响最终的结果。判断的过程是将现有概念重新组合，形成新概念的过程。用概念思考就是由概念形成命题，由命题进行推理和论证，这是逻辑思维的重要特点。

那么，什么是"概念"？概念是反映对象本质属性的思维方式，它包含了一个等级中的每个成员共同具有的属性，比如"椅子"这个概念就是适用于所有椅子的一种属性。事物与属性是不可分离的，属性就是属于一定事物的属性，事物就是具有某些属性的事物。脱离具体事物的属性是不存在的，没有任何属性的事物也是不存在的。

概念不仅涉及"是什么"，而且涉及"可能性"。涉及可能性的概念可以使我们想象出比我们现在生活更美好的世界，并激励我们去接近理想。概念是逻辑思维的细胞，设计者由概念形成命题，再由命题进入设计思维。所以，逻辑思维不仅是科学思维的重要特征，还是创意的重要手段。

如果说研究是"问题求解"的过程，那么研究的前期阶段则看成"寻找问题"。问题和途径就成为研究过程中的核心部分。对于一个问题而言，解答方式往往不止一种，这使研究者在整个过程中都面临着判断，特别是早期的判断，会在很大程度上影响最终的结果。判断的过程也是将现有观念重新组合，形成新观念的过程。在思考问题时要确定两个概念：一是问题"真实性"的考察，即必须确定所解问题是否真实存在，其存在的条件如何，问题的范围大小。需求调查、实地考察等都是考察问题真实性的有效方法。二是对问题的"定义"，这是问题求解过程中最困难和最关键的一步。怎样定义问题往往直接影响问题求解的过程，因此问题定义本身是求解的一种规划与期望。

怎样设计一把椅子？定义本身就把问题局限在室内家具的一种概念中。换一种角度，如怎样设计一种能支撑人体重量的装置？

通过换位思考，抽象的定义方法不仅提供了拓展思维的可能性，而且更加接近问题的本质，打破原来习惯性思维模式的僵局。

避免设计者先入为主的"一块板面＋四条腿"对椅子概念的认识，不然就会出现用瓦楞纸去模仿木材设计成四条腿的椅子。随着材料的转变，产品的形态也会发生变化。这里问题定义对问题求解的导向作用是设计者必须明白和自觉关注的要点。

对于一个新的设计任务，习惯上通常会拿同类产品的概念套在新产品上，这就无法达到创新的目的。学生应该学习如何转换角度，把熟悉的东西陌生化，从原点开始创新。刘传凯在《产品创意设计》一书中也提到过这一点，他认为对我们所设计的东西要给出一个新的描述或定义，比如"照相机"可以被理解成"形象留存器"或者"照片拍摄器"，这样或许有更多的选择，更广阔的视野。因此，给一个物体普遍的、更宽泛的描述会使设计者重新界定此物体。

（2）制造约束，约束是创意的催化剂。

例如材质和材料，挑战传统的思维模式。同时采用不同的方法和技术进一步探讨创新、实验及其乐趣，因为它们亦是组成创意思维最本质的部分。

纸是大家从小就熟悉的材料，但大多数情况下我们都是利用纸张平面性的特征，在纸面上绘画或者写文字，很少有其他的用途。纸是一种比较脆弱的材料，撕开一张纸几乎不要什么力气。但如果要撕开一叠纸，就没有那么容易。瓦楞纸就是利用纸的这个特性来增强抗压、抗弯强度的。通过这个任务，我们对瓦楞纸会有更深刻的认识。

为什么任务设计材料约束为瓦楞纸？因为其廉价、易得、易加工而且比较轻。一般的瓦楞纸是由三层纸组成的，中间的瓦楞是经过"折叠"的纸，这样就加强了纸的纵向抗弯强度，在构思支撑物时要充分考虑瓦楞纸纵横方向强度差异性的特点。另一个要求是不能用黏结剂，也不能用铁钉。要靠巧妙的结构设计来塑造形体，其中材料的连接也成了结构设计的一部分，就像中国明式家具的榫卯结构。

瓦楞纸在形态、强度上与木材相去甚远，在构思时要注意这一点，千万不要把现有的椅子形象"套用"在支撑物上。材料不同，加工手段不同，形态也会随之变化。这就是本任务提出的问题：怎样处理好材料与造型、功能的关系？

本任务研究过程开始于某些问题，结束于某些解答。我们通过对现实问题的研究设计，不妨先对这个问题进行"思维发散"，借助"草图""草模"等将想法疏导出来，记录在纸上。这个过程中，动手与动脑是同步的。图 2-45~ 图 2-47 为本次任务的学生作品。

图 2-45 无处不在的瓦楞纸之"菱"（广东轻工职业技术学院学生作品）

图 2-46 无处不在的瓦楞纸之"韵"（广东轻工职业技术学院学生作品）

仿生设计

兔子与圆。

圆的构成 形似兔子 活跃有趣

灵感来源

瓦楞纸坐具设计：该设计灵感来源于"兔子"，用简约的四个圆组合成一个形似兔子的坐具，合理的人机关系和卡位使得该坐具非常稳固结实。

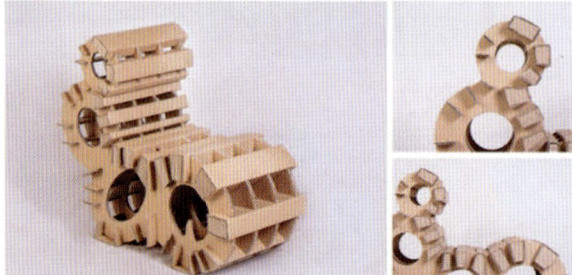

草图

制作过程

从制作草模到实物制作，精确的数据，细心的手工，材料的利用，每一个步骤都要精打细算，减少失措带来的不便。

图 2-47 无处不在的瓦楞纸之"兔子与圆"（广东轻工职业技术学院学生作品）

拓展学习 3

家具品牌设计案例分享

家具品牌设计案例介绍请扫描上方二维码查看。

2.4

情境体验

1. 情境故事法的定义

讲述一个故事，营造一种情境，塑造贴心设计，这就是情境故事法。情境故事法是在设计开发过程中，通过一个故事展开创意，包括使用者的特性、事件、物与环境之间的关系，仿真可能出现的使用情境，然后通过使用情境的模拟来探讨分析人与产品之间的互动关系。例如无印良品的 MUJI to go 视频（图 2-48），这个情境故事法通过对两个毫无关系的男女主人公外出旅行进行情境分析，从操作程

序的分析到使用环境的整合，可以帮助使用者将观察所得的信息连贯起来，通过这两个男女角色来引导设计，让产品更具人性化和情感化，并能引起使用者的共鸣，从中得到的领悟与体验作为设计创意的依据。简单地说，情境故事法就是一个以想象故事及使用情境观察，在设计开发过程中进行情境模拟的创意方法。

情境故事法一改以往设计方法的枯燥与晦涩，将设计变为了一种充满诗意、充满趣味的体验。设计师借由情境故事法，通过观察和体验"用户故

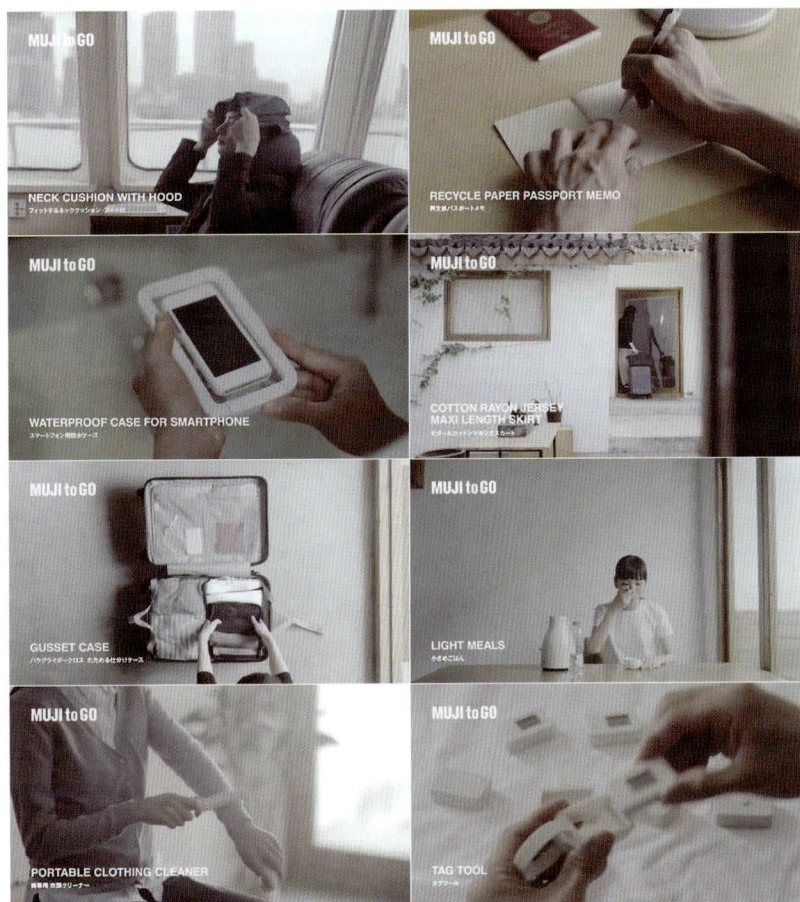

图 2-48 无印良品的 MUJI to go 视频截图

事"，去讲述一个关于物的"情感故事"，制造一种使用情境，从而设计出能打动使用者心灵的作品。在关于物的"情感故事"中，文化因子的应用尤其动人心弦，传统传承通过现代情境的营造，可以达到穿越时空、震撼心灵的效果。

2. 情境故事法的设计流程

设计师在设计产品时，使用情境故事法在头脑中想象使用者使用这个产品的情境。情境故事法就好比设计师拿着一个照相机，在每一个时间点上，在脑海中对未来要发生的画面进行拍照，而这个情境画面中也必然像一个故事一样包括人物、时间、地点、活动、场合等主要元素。设计师通过"快照"来提取情境中各个不同时间、不同场景的分镜头来分析"人－境－物－活动"之间的互动关系，引导设计开发人员从用户使用情境的角度，通过人、环境、事件来发掘"物"的故事构想，评断构想是否符合设计主题，从而进行改良与创新。

情境故事法的整个设计流程可以划分为四个阶段。

（1）观察采集：在这个阶段，我们要学会剧作家的基本功——像小蜜蜂一样去采集生活中的细节。先了解使用者的个性特征，需要什么，想做什么，也就是常指的"用户故事"。实际上也就是去发现一些潜在用户，了解他们的需求和想法。使用情境故事法必须要有足够的信息和资料作为这个故事发展的支撑。设计师深入了解用户故事，和用户进行充分的交流，才能做出使用户满意的设计。

（2）情境设定：在这个阶段，情境故事法可协助设计者从剧作家的角度来拟定情境背景中的角色、时间、地点、事件。我们可以用快照的方式来展现在不同的时间、地点，使用者与产品发生关联的分镜头，也就是最初的对情境影像进行收集、评估以作为适当样本的过程。

（3）故事展开：在进行观察、角色及场景设定后，下一步要进行情境故事里的细节互动。在此阶段，设计师变成导演，将设定好的情境故事进行展开描述，重点提取与分析"人－境－物－活动"之间的互动关系，通过不同的场景分镜头来发现与放大使用者在使用产品时遇到的不便，想办法解决问题，从而达到改善和创新的目的。

（4）创意设计：这个阶段的工作就如同影片的后期剪辑，将一部影片拍摄的大量素材，经过选择、取舍和组接，最终编成一个连贯流畅、含义明确、有艺术感染力的作品。在此阶段，设计师要将所有的创意设计因子整合起来，如使用者的满意度、生产力、安全性、外部的环境、审美等，并在此基础上找到满足使用者需求的产品，提出创意设计方案，然后让构想与设计在新的故事中验证和评估，直至设计"杀青"。

3. 情境故事法的表现形式

为了使用户产生情感共鸣，情境故事法可以采用大家熟悉的方式，包括剧本视觉化，如通过表格、图片、漫画、草图等视觉化形式进行深入浅出的表现，使用户轻松地进入设计师所预设的情境之中。

（1）分镜头脚本是剧本的视觉化、镜头化的解析过程，是指导和规范动画制作的标尺，能充分体现动画的风格、故事逻辑以及故事节奏，是视听语言的图画文字表现。它一般包括镜号、时间、画面（含视觉画面以及文字描述）、镜头变化、旁白、字幕、对白、音乐、音响等部分，根据不同的项目构思，会有不同脚本的内容绘制。其中，比较重要的是镜头的景别设计，镜头又分为远景、全景、中景、近景、特写等；而镜头的运动又分为摇、移、推、拉、跟等运动方式。综合运用好不同镜头以及其运动状态，并充分考虑时间的长短，这样才能把动画的节奏控制好。同时分镜头的视觉画面尽量把画面的风格、气氛以及场景表现得十分到位，如果不能用图画来表现，可以用文字进行描述（图2-49）。

（2）设定一个故事主角，通过四格或者多格漫画的形式来表现用户使用产品时的各个情境，还可以用简单的文字或关键词进行说明。这些说明可以是针对用户遇到的一些问题的强调，也可以是为了

更好地表现创意特性而做的一些简单标注，也可以模拟用户的一些心理活动，然后用文字的方式表现

出来，但总的原则是"以图说话"。

镜号	分镜	动作	音效/音乐	附注
一—一		爸爸牵着女儿，走向竹林里的庙	竹子 鸟叫 脚步声 小孩笑声	3秒
一—二		女孩拉着爸爸的手，说要去附近的庙玩		3秒
一—三		女孩在附近玩要，爸爸则走向庙前的石狮子	竹子 鸟叫 脚步声 小孩笑声	5秒
一—四		爸爸摸着石狮子，回忆小时候		7秒
一—五		镜头拉到爸爸，摸着石狮子回忆儿时		2.5秒

镜号	分镜	动作	音效/音乐	附注
一—一		旁白：小波到了一间沙龙店		
一—二				
一—三		旁白：理发师觉得小波的头发很乱，便帮小波梳头发		
一—四		两人开始交谈		
一—五		旁白：接着小波把明信片寄了出去		

图 2-49 分镜头脚本样式示意图

拓展学习 4

无印良品案例分享

无印良品案例介绍请扫描上方二维码查看。

学习活动8：跨"界"设计

跨"界"设计——上海工艺美术职业学院中德工业设计风暴（以下简称 SADA 设计风暴）。

项目宗旨：

通过对人的生活方式和行为方式的研究，提出

解决生活问题的设计概念。通过即兴思维、情境体验等方式将生活问题作为教学环境下学习活动的起点，就是我们所说的以问题为本的学习。训练敏锐的洞察力，对问题的敏感性是每一位产品设计师必须具备的能力。

项目综述：

  SADA 设计风暴是柏林艺术大学与其跨学科机构——柏林因特学院实施的一个研究项目在上海高校的尝试。该项目旨在创立大学与企业新的合作形式，鼓励从最初构想到商品营销的创新性产品开发，由设计师、生产者、企业、教师和学生共同实施该项目。突出多学科、多视角的项目跨界设计体验，为生产与设计的创造性合作开发新的策略。

  SADA 设计风暴由上海工艺美术职业学院产品艺术设计专业 6 名教师与柏林艺术大学 6 名教师组成教学团队，教师队伍结构合理，具有专业深度及区域经济广度。上海工艺美术职业学院产品艺术设计专业的 60 名二、三年级的学生共同参与项目，学生们被分成 4 个组，每个组有 15 人，在一周内完成整个项目的尝试。

  为了在准备阶段更好地认识学生，也为了设计风暴的课题准备，柏林艺术大学教师给出了一份问卷，其中除要了解学生姓名和学习方向以外，还有以下三个问题：

  （1）还有什么从未有过的发明？

  （2）如果你独自到一个荒岛上，你最想带上什么器具？注意，它不需要具备求生功能。

  （3）上海哪个地方是你最喜欢、觉得最特别，你一定要给朋友展示的呢？

  如此一来，教师团队可以非常迅速而深刻地认识每位学生的个性，并能在整个 SADA 设计风暴 7 天的 workshop 里对学习者进行非常个人化的引导。

任务目标：

  （1）通过该项目的学习，培养学生在设计的过程中运用实验性的方法，利用即兴的思维来整合设计思路。在开放的设计教学过程中让设计在动态的情形下塑造结果。强调创造而不是模仿，在解决问题的过程中树立设计理念，掌握设计思维的方法与能力。

  （2）通过该项目的学习，培养学习者发现问题、解决问题的能力。对材料进行对比与实验，融合即兴思维进行转换及产品制作。着重设计过程中的实验性方法，让学习者在遇到困难时坚持下来，而不是知难而退，放弃原有设计构思。

学习考评：

  （1）充分利用学习者个性思维，通过各种不同的材料装配、拼贴与集成来完成产品。在设计过程中，体会中西方文化之间的差异，并尝试去沟通与解决。

  （2）成果与概念在最终展览上发表，学习者陈述设计思路和理念，接受来自学校和企业的中德设计师的评价。

任务训练 13：解构"不爱的对象"

  着手准备一个"不爱的对象"。展示自己"不爱的对象"，并与其他同学交换，两人一组，每个组员通过改装，变换"不爱的对象"让它变成"爱的对象"。设计过程中可以对各种不同材料进行装配、拼贴与集成，最后展示改装后的"NOW——被爱的对象"。

  SADA 设计风暴的目标是融合传统的制作和新学科思维，推动设计过程中实验性的方法，利用即兴的思维来整合转换。在开放设计过程中让设计在动态的情形下塑造结果。德方教师尝试 SADA 设计

风暴在现场的效果，发展项目模式。

  作为"解构"项目的开始，学习者必须着手准备一个"不爱的对象"。该物品在生活中很讨厌但暂时又不能扔掉，属于"食之无味，弃之可惜"的一类。展示自己"不爱的对象"，对于自己讨厌而又不能丢弃的东西进行阐述，一般情况下，学习者都是从它的功能和外观去解释。但是德方教师提示要从更深的"质量"上去思考一个东西，比如它的材质是否会破坏环境或伤害动物。用最简单的形态去表述设计师想要传达给别人的情感。设计并非要

浪费资源去改变人的生活方式，而是要更好地呵护现在的自然资源。这与现代社会中出现的不断浪费形成对比。设计中，60名上海工艺美术职业学院工业设计专业学生分成4组，分别由4位德方教师带领，上海工艺美术职业学院工业设计专业教师协助配合，完成项目教学。

学生在1天内迅速捕捉自己"不爱的对象"，找出问题，思考如何解决。他们在设计过程中迅速地试验、转换与整合材料。德方教师在2天的教学中，充分引导学生拓展自己的个性思维，鼓励学生尝试与试验。学生在学习中初次体会了设计中的中西方文化之间的差异，并尝试沟通与解决。图2-50~图2-52为学生作品。

图2-50 "爱与不爱"的故事／"不爱的对象"试验

参考图

故事表达

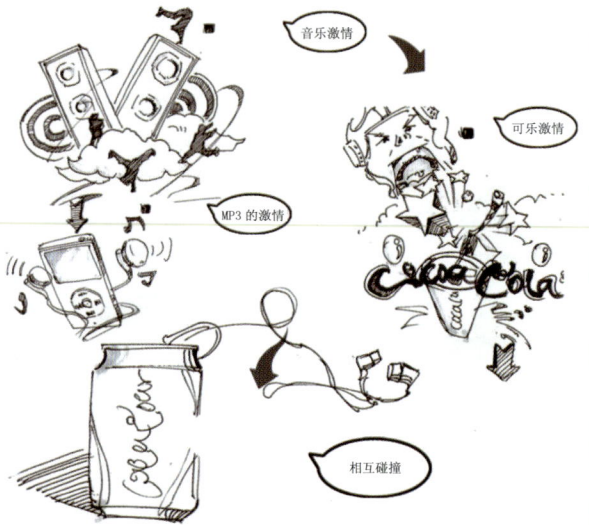

参考图

故事表达

图 2-51 "易拉罐"的故事 / "台灯与树叶"的故事

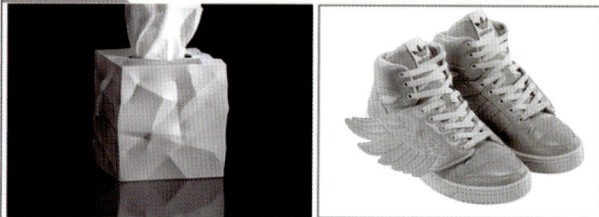

故事表达

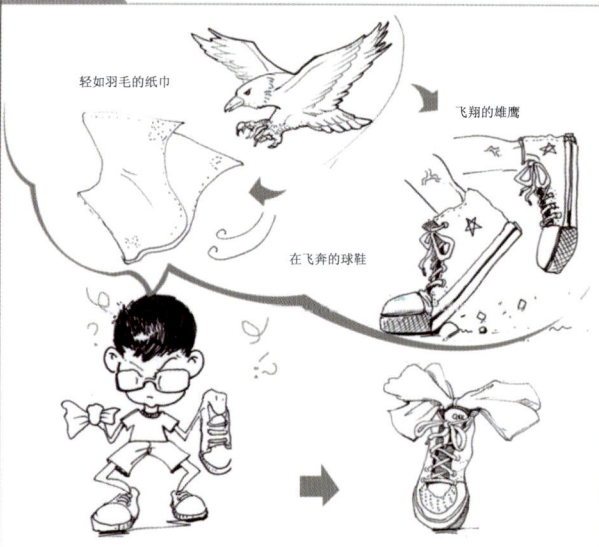

参考图

故事表达

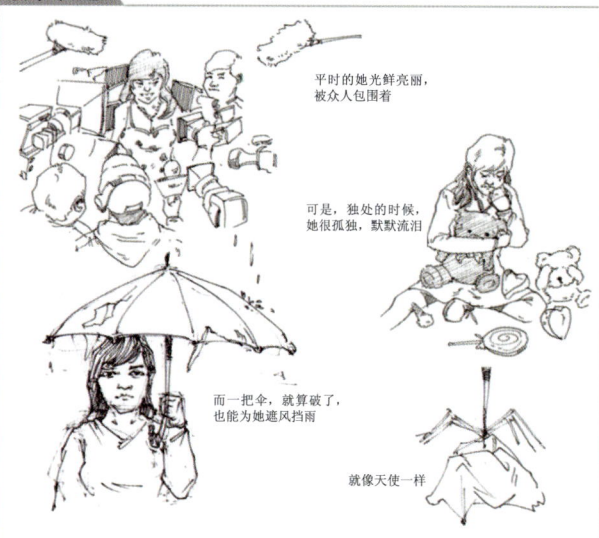

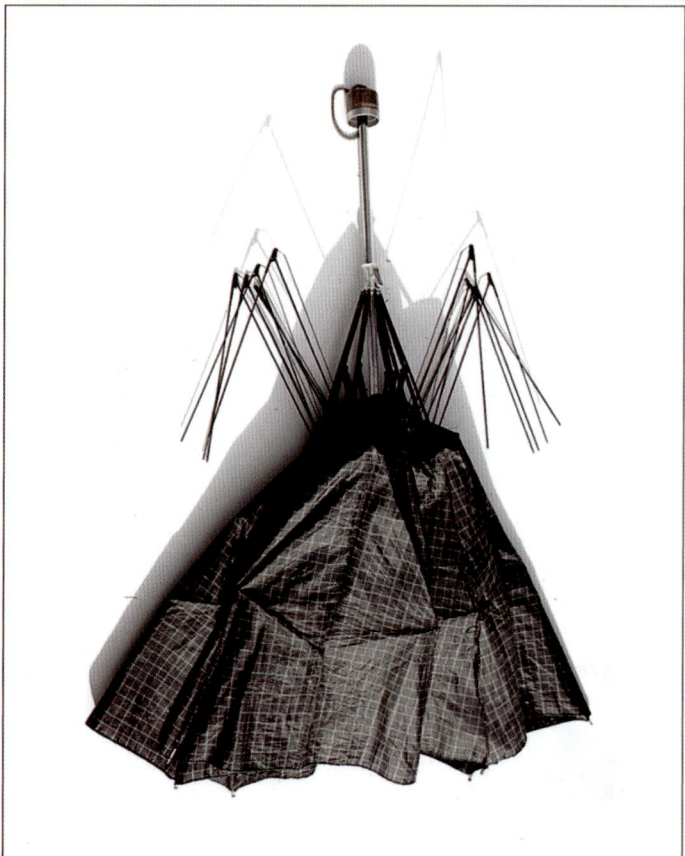

图 2-52 "球鞋"的故事／"雨伞"的故事

任务训练 14：荒岛求生

德方教师在上海工艺美术职业学校周边购买各类蔬菜及水果，学生通过了解各类材料特性来选择适合自己的对象，进行实验性改造。特别指出，要从使用功能、尺度与文化、制作与造型、含义与属性、外观与价值的思考中发掘改造的潜能。

任务训练 13 是热身项目，目的是寻找一种情感，开放设计过程和结果，让设计在动态的情形中塑造，把这种每个人亲身体验的情感提取出来，通过产品表达出来。这是一种思想启发的训练，设计中可能会遇到一些问题，重要的是解决问题的过程，结果不是很重要。设计者在做设计时要注意人与产品之间的关系。人跟产品之间必然存在一定的关系而产生情感的交流，设计师是这种交流的主导者，一件好的作品能跟人们进行很顺畅的情感交流，也许只是看一眼，也许只是摸一下……成熟、成功的作品除了要有上述要素，还需要考虑其他

问题，如环保问题，杜绝或者降低材料在加工、包装、运输等环节中可能造成的浪费、污染、耗能。

如果你独自到一个荒岛上，你最想带上什么器具？这样一个残酷的问题让每个参与课题的学生产生紧张感，但"所设计的对象不必具备求生功能"的限制又让设计的内容充满新奇感。这组看似矛盾的问题更能激起学生用"心"的热情。

假设你身处荒岛，利用所给的蔬菜、水果等食物作为材料，无限制设计产品，即"蔬果大练习"（图 2-53）。德方教师提前为学生们准备了很多各式各样的蔬果，并根据物品颜色冷暖、深浅一并排列。当学生们看到德方教师将一早购买来的食物纷纷展示于桌面上时，大家都震惊了，那么多的食物让所有人对之后的设计充满了好奇。德方教师表示每小组可以挑选两件食物。选择材料后，四个小组展开激烈的头脑风暴。

荒岛求生风暴
设计项目分享

图 2-53 荒岛情境分析与模拟

学生们在利用瓜果蔬菜进行创作的时候，流露出很快乐的情绪，工作室里气氛很轻松。这是一种很好的现象，是思维创新的绝好氛围。

蔬果做的东西，因为其材料本身特质产生出特殊的效果或呈现出特别的肌理，可以运用到以后的产品设计上。例如，有的学生用南瓜做水壶，南瓜表皮经过削切处理呈现块面状，是一种很好的肌理表现，或许可以运用到现实的产品设计中，通过材料转化仍然保留同样的效果；有的学生利用了洋葱的层状结构，将洋葱做成盛水的容器，获得了很好的设计基础。教师可以引导学生从色彩和纹理入手进行材质转化，目的是找到一种感觉，时刻发现新的元素、新的材料。

在最后的发表过程中，每组都别出心裁地想出了不同的主题（图2-54）。例如，远古荒岛的场景安置在喷泉池中央，寓意一座新的岛屿，并以故事的形式向大家讲述进化的过程。这样的发表现场让人有一种重回远古、穿越时空的感觉。

图2-54 成果发表现场

行动派且富有团结一致精神的德方教师，利用一周的时间为上海工艺美术职业学院视觉艺术学院工业设计专业学生呈现了一场视觉和设计盛宴。回看 SADA REAKTOR 项目的宗旨，只是开始了跨界设计的尝试，最终项目展示邀请到了上海路通多媒体展示设计公司、德立策划中国有限公司、标致雪铁龙上海设计中心等多家企业的代表参与，也为未来中德工业设计项目合作的推进提供了无限的可能。

学习考评：

（1）视角独特，充分发挥"材料"与"产品"的属性。产品表达准确，且很好地体现设计的人与物之间的情感交流。能发现产品价值与转换的潜能。

（2）成果与概念在最终展览上发表，学生陈述设计思路和理念，接受来自学校和企业的中德设计师的评价。

图2-55为部分学生作品。

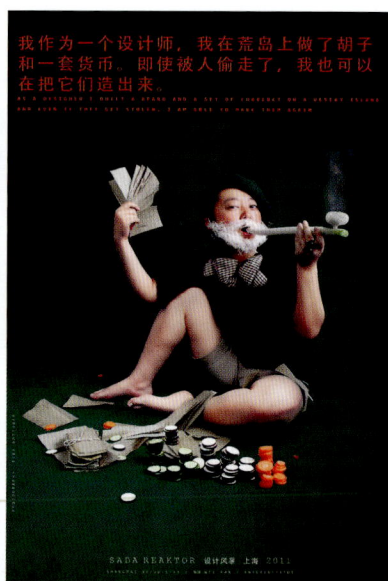

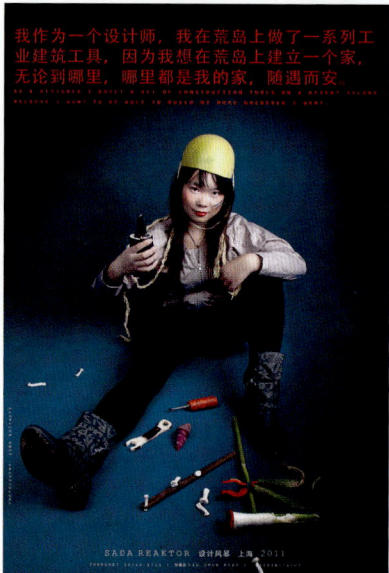

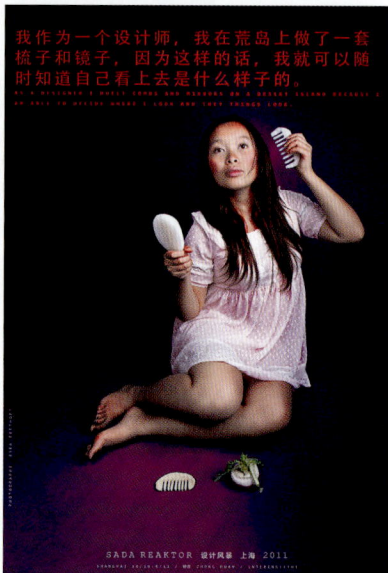

图 2-55 部分学生作品

实践篇

（高级能力培养）

chapter

3
设计创意实践

我们观看世界的视角与感受世界的方法可能有千万种，只要能够下意识地将这些角度和感受方法运用到日常生活中，就是设计。

——原研哉《设计中的设计》

项目目标

通过实际的创意产品设计短期项目，学生应掌握产品创意思维的应用方法及技巧，了解产品设计的工作流程，培养综合运用产品创意思维的能力；学生能根据产品概念对产品进行设计和商品化，以进入准设计师的状态。

项目描述

鼓励学校与企业开发新型合作形式，从最初构想到商品营销的创新性产品开发，由设计师、生产者、企业、教师和学生共同实施。提升学生完成设计创意思维的实践能力及执行能力。

产品设计

什么叫产品？狭义的产品，是指工厂生产出的实物，如食品、服装等。广义的产品，包括有形的和无形的，凡是提供给市场的、消费者认为可以用价值来衡量的，或使用后能满足消费者某种需求、某种欲望的一切，例如服务、咨询也是产品。

产品设计是指能够决定批量生产的工业产品功能和形态的设计。

产品设计正在不断划分成更为细致的领域，今后，时代对于产品设计的要求将是集各种元素于一身，跨专业的各领域交叉的创造性产物（图 3-1）。

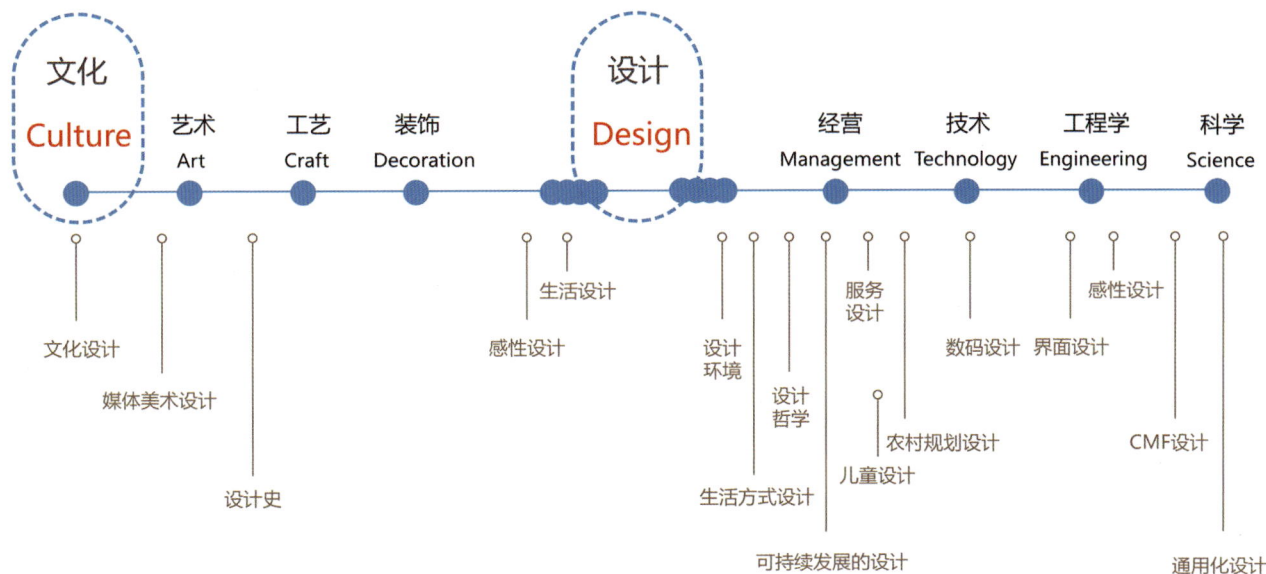

图 3-1 产品设计的诸多领域

随着人们生活水平的提高，需要对生活的方方面面重新进行设计。21 世纪是一个设计的世纪，产品设计更是商家必争之地。产品设计既满足了人们的生活需求，又是在超前性地设计着人们的未来生活。所谓设计创造未来，设计不仅创造美的形态，更创造一种新的生活方式。因此，这一项活动必然随着人们文化水平的提高而越来越重要。

产品设计不仅是一个过程系统，而且属于更大的系统。这一观念的意义在于改变了产品设计概念

局限于单纯的技能和方法的认识，而将产品设计纳入系统思维和系统操作的过程。将设计的概念从实物水平上升到复杂的系统水平。

漂亮又美观？这是人们看到一件设计作品时，首先要确认的部分。设计通过可视的形态展现事物的美。审美性是决定作品第一印象的要素。而且，在构成设计的元素中可以发现规则。设计工作将重点放在如何把对比、平衡、节奏、合并等平面构成元素和谐地统一起来。

从人类亲手制作物品来使用的手工业时代起，设计就已经存在了。之后，随着工业革命的兴起，物品开始机械化地批量生产，于是工业产品出现了。但是，批量生产的产品都沦为千篇一律的复制品，失去了美感，人们开始厌烦这些一模一样的产品。工业设计的发展就是为了弥补这些产品的美感缺陷，给每件产品都赋予特殊的价值。此后，工业设计的进程实现了多次进化。它参与生产过程，反映消费者的需求，而且进一步在企业的市场营销和品牌推广中起到重要的作用。

当人们在日常生活中能接触到的产品需要批量生产时，设计需要考虑的基本构成元素（图3-2）如下：

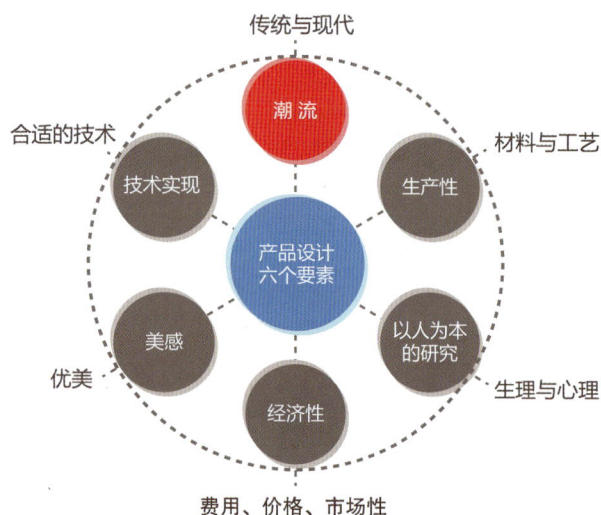

图 3-2 产品设计六个要素

（1）产品的基本构成符合时代要求吗？（潮流）

（2）在技术上可以实现吗？（技术实现）

（3）材料与工艺适合进行生产吗？（生产性）

（4）是否考虑人的生理和心理状况？（以人为本的研究）

（5）考虑生产费用和销售价格、市场性的时候，是否经济？（经济性）

（6）外形是否美观？（美感）

产品的设计是否具有美感，不只是款式的问题。

同样，为实现设计在诸多层面上的美感平衡，也需要考虑许多要素，这不是色彩或者样式的问题。不要忘记，设计不是灵光一闪而进行的创作，而是需要综合考虑产品设计的要素，将它们统一起来。

产品设计必须符合时代的、文化发展的潮流。生产产品的最终目的是将它卖出去，在买方市场的今天产品的文化内涵也决定了产品的市场前景。有位资深的经济学家说过，"产品的一半是文化""文化也是商品"。

1. 设计是以人为本的活动

设计是以人为本的活动，它的五个目的分别是审美性、功能性、象征性、公共性和可持续性（图3-3）。设计并非是为了设计师而存在，而是为了所有人而存在的。设计将这些目的很好地体现在事物上，从而制造出好的商品，因为设计可以积极地反映人们的需求。或许正因如此，随着时代需求的变化，设计的目的也随之增多或减少。

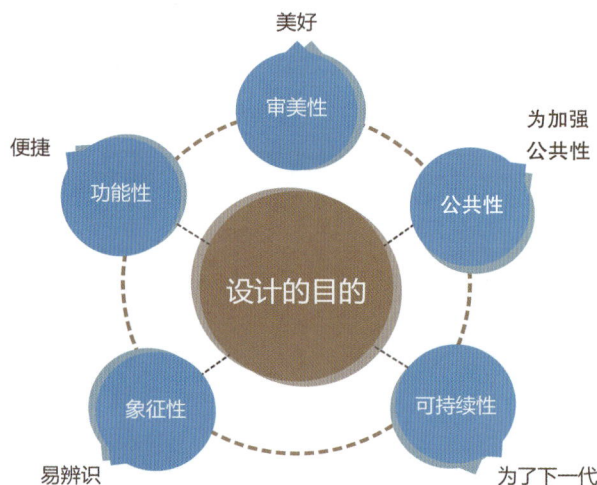

图 3-3 设计的目的

审美性是设计的本质，也是设计的目的，它将人类对美的追求物化了。审美需求反映人类感性的、认知的和直观的本能，是设计最重要的目的。为此，设计的范围有时会跨界到其他领域。但是，值得注意的是，不要陷入"满足理性和理论上的需求更为重要"这一误区。

设计需要"事出有因",这是功能性的另一种说法。有一句话叫作"形式追随功能",这是一句可以载入设计史册的箴言。没有功能性的设计是死的设计。设计不能仅仅以单纯地追求美感为重心,更要重视其功能性。

随着人们对市场营销和品牌的关心不断增强,象征性这一设计目的逐渐受到重视。设计的象征性被运用在如何战略性地表现品牌的个性上。在语言上对设计形态进行的研究越来越多,这也是将设计的象征性进行符号化分析的结果。

设计的公共性开始崭露头角,这说明其公共价值正不断提高。随着设计作用的不断扩大,城市及地方、国家层面都在积极地为加强设计的公共性而努力。公共性体现在审美性、功能性和象征性等设计的其他目的中。

"可持续性"从20世纪90年代中后期开始正式成为设计的目的。同时,将关于设计的问题摆到台前,并以必要的姿态解决这些问题,也是可持续性的目的所在。因此,设计需要以战略性的企划来准确反映时代的要求。

当设计的几种目的融为一体、实现平衡的时候,设计就会大放异彩。虽然不同的时代、环境、应用领域对设计的目的要求的重点不同,但还是应当把每种目的和对它的需求综合在一起。紧跟飞速变化的时代潮流,并制订相应的整体方案,是设计的责任所在。

2. 产品设计的相关要素

通过一系列视觉化、符号化的语言来刺激人的感觉器官,通过大脑的信息加工来取得对产品的印象。现代化、信息化的产品不仅具备传统产品的功能要素、结构要素、人机要素、形态要素、色彩要素、材质要素、环境要素等(图3-4),还具有数字信息技术时代的多样化要素、人机交互性要素,这是现代产品设计成功的基础。

(1)功能要素。

日本学者大智浩与佐口七朗合著的《设计概论》一书中指出,"设计产品时,首先必须考虑产品是为了满足什么目的。换句话来说,是要求怎样的机能。机能这个词,用于设计时,一般不只停留在物理的机能,而是作为心理的、社会的机能的综合体赋予更为复杂广泛的含义。"而这里所指的机能,

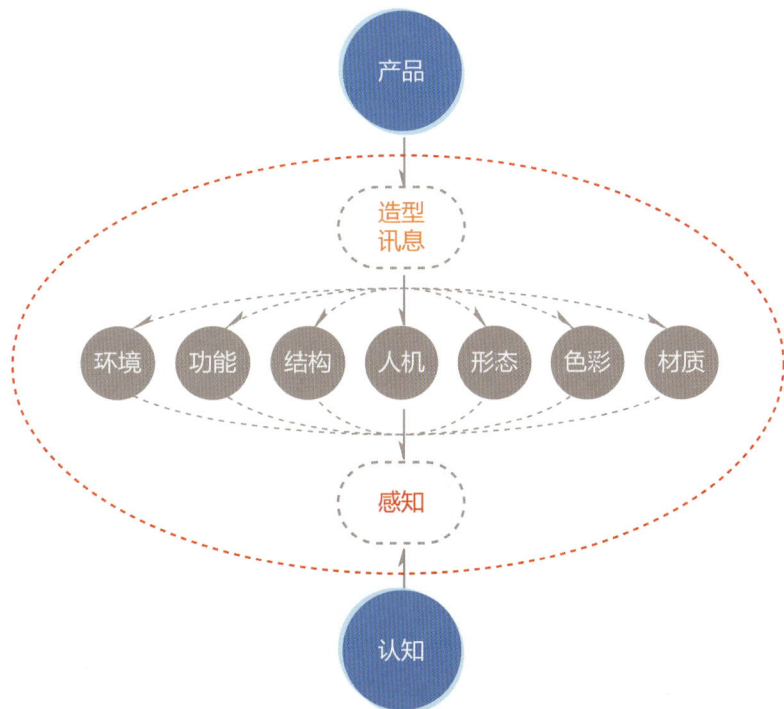

图3-4 传统产品设计要素

就是指产品本身所特有的用途与价值，广义地讲，它不仅仅是指实用功能，还包括审美功能和象征功能。

产品的实用功能是产品的首要与基本功能，是产品的本质与目的。它是指产品所具有的效应和被接受的能力。产品只有具备某种特定的功能才有可能进行生产和销售，也才算是一个真正的工业产品，如果产品没有实用功能，那么产品其他要素也就无从谈起，也就算不上一件工业产品了。

根据产品形态结构系统的功能，可以进行产品功能系统的分析、分类和整理，通过功能研究，建立起功能系统，再根据其功能系统领域不同功能部件的设计，使产品更有针对性、合理性和可行性。如无印良品为日本独创的一个概念性商品品牌，其概念是由创始人田中一光先生从他日常生活的审美意识中提炼而成的。无印良品的产品提倡极简的功能主义，在极简主义审美意识的影响下，无印良品在简化造型的同时，也进一步简化生产过程，制造出一批造型简洁、朴素且价格适中的商品。而在简化造型的同时，其功能性并没有减弱，在简化的造型外表下，其功能得到更多强化。无印良品CD机（图3-5）采用简化的外观以及直接的光盘插入方式，不仅体现了极简主义，其功能也得到加强，使用更加方便。无印良品手电筒（图3-6）色彩简洁，造型异常简化，不仅生产过程得到简化，而且在使用上也非常直观与方便，手感也非常舒适。无印良品的家具产品（图3-7）造型简洁，每件家具产品以其功能为主，去掉了不必要的装饰，材质的使用更贴合人的使用需求，更加环保与舒适，让人爱不释手。

图3-5 ｜ 图3-6
图3-7

图3-5 无印良品CD机
图3-6 无印良品手电筒
图3-7 无印良品的家具产品

（2）结构要素。

功能是产品设计的目的，而结构是产品功能的承担者，不同的产品结构决定了不同功能的实现。同时，结构不仅是功能的承担者，还是产品形式的承担者。产品结构在其生产、设计及使用中，必然受到材料、形体、工程、工艺、环境等诸多方面的影响。

一件产品从外观只能看见其外部结构和形态特征，而其内部结构以及各结构的关系错综复杂。例如汽车的设计，它不仅仅是汽车外部形态的设计，还包括对发动机、轮轴转动系统、ABS、变速器、钣金技术、电子技术等的综合体现。即使是常用的简单的鼠标，也包括机械传动结构与电子技术、材料技术等综合结构技术。图3-8为汽车轮胎的结构爆炸表现效果图，但其复杂程度也是非常可观的，只有结构的表现，才能体现汽车设计的复杂性，也才能了解其轮胎轮轴原理。图3-9为手机保护壳的结构示意图。图3-10展现了鼠标及其各部件，从此图中不仅能了解鼠标的外部结构，还能了解其内部结构，根据其结构组成方式，又可以了解其生产工序、工艺，以及组装程序。

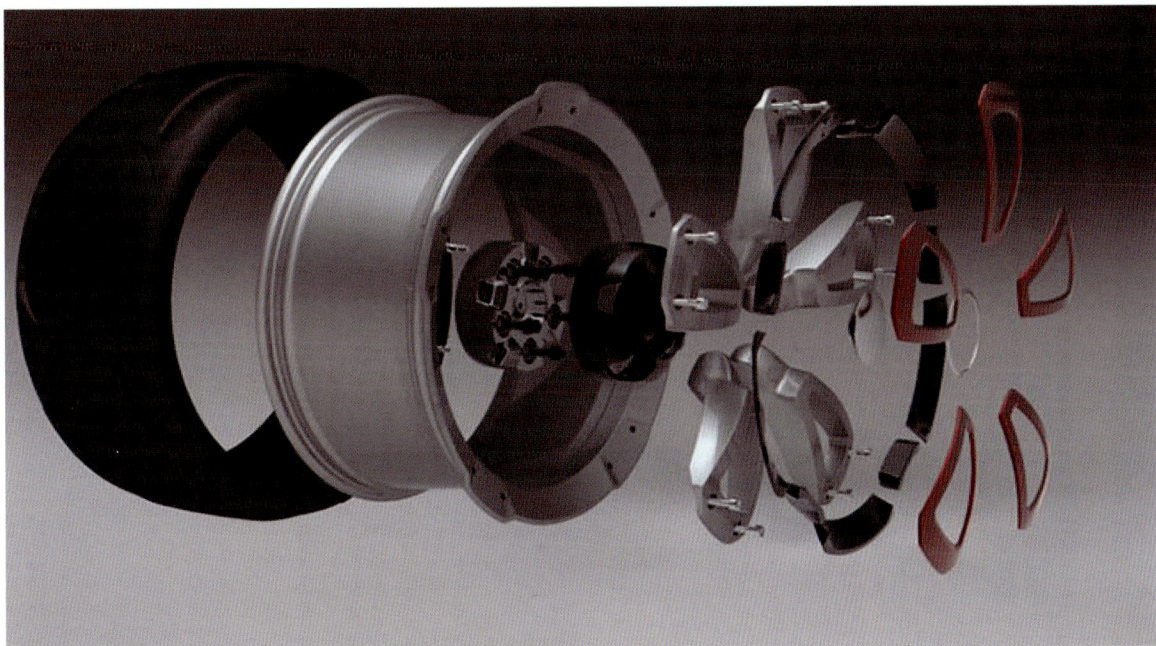

图 3-8

图 3-9 | 图 3-10

图 3-8 汽车轮胎的结构爆炸表现效果图

图 3-9 手机保护壳的结构示意图

图 3-10 鼠标及其各部件

（3）人机要素。

产品是为了人的使用而设计制作的，它是为人的使用而服务的，人是产品的主体。为了使产品与人之间取得最佳的匹配关系，需要在设计中考虑其所涉及的一切与人有关的因素，这就是人机要素。它涵盖了人机工程学要素、心理学要素和社会学要素以及审美的研究。而在信息化时代，设计师还要充分考虑人机交互要素。它主要研究"人－机－环境"系统中三者之间的协调关系，并需考虑该系统中人的效能、健康、使用产品及产品与人信息交互等的关系。这里所提到的人，不仅指产品的使用者，还包含了设计者、生产者、营销者、回收者等一切与之有关的人。例如，在鼠标的设计与制作中，使用者手的大小决定了鼠标的尺寸，由于人种不同，手的形态以及尺寸也不同，因此，往往欧美市场的鼠标并不适合亚洲市场；而不同地方的不同类型的人对于坐的需求是有区别的，因此座椅的形态及尺寸也决定了使用者使用的舒适度。

图 3-11 所示为保罗·格斯伯克特的"空间衡量"人机尺寸图。人体工学，本质上就是工具的使用方式尽量适合人体的自然形态，这样人在工作时，身体和精神不需要去主动适应工具，从而减少使用工具造成的疲劳。

图 3-11 保罗·格斯伯克特的"空间衡量"人机尺寸图

（4）形态要素。

形态是产品与功能的中介。没有形态的作用，产品的功能就无法实现。形态还具有表意的作用，是经过人的头脑思考，归纳、加工而成的一种较为纯粹的形态概念。通过形态可以传达产品的各种信息，如这是什么产品、能做什么、怎么做等。产品设计发展过程其实就是围绕产品"形态"进行开发设计，不同的时代背景也会流行不同形态的产品，如图 3-12、图 3-13 所示。

图 3-12 MUJI 椅子，其形态异常简洁，充分体现了无印良品极简的功能主义理念

（5）色彩要素。

色彩是设计表现的一个重要因素，色彩要素的功能是向消费者传递某一种商品信息，同形态一样，它也能传达语意。色彩具有先声夺人的魅力，可以引发人的不同感受并产生一定的象征性，如冷暖的温度感觉、轻重感觉、缩胀感觉、距离感觉等。在进行色彩设计时，往往需要利用人们约定俗成的传统习惯，通过色彩产生联想。通过市场调查，掌握色彩的流行趋势，选择适当的色彩，以突出所设计的产品，吸引消费者的眼球。色彩与产品功能的关系通常表现为以下两个方面：

①以色彩结合形态对功能进行暗示。如地铁车

图 3-13 巴洛克式的线条装饰椅子，与其巴洛克时代古典主义装修风格搭配，让人有身临其境之感

箱里的防火装置开关就非常明显，电器的按钮或产品的某个部位用区别本体色的色彩加以强调，实现其暗示功能。

②色彩具有象征意义，可以制约和诱导行为，如交通红绿灯，红色用于警示，绿色表示畅通，黄色表示提示。当然，不同地域、不同民族对色彩的感受及喜好也有差异，其色彩的暗示作用也就不尽相同。中国人比较偏爱红色，喜庆时节都能看见红色，而国外有人就认为红色是暴力的象征。

通常在产品表现里，色彩必须满足以下条件：

——用色彩表示商品属性(功能、形态、材质)。

——色彩表示与商品属性和形象相适应。

——以色彩体现工作环境和生活环境的舒适性。

——所选用的色彩不仅适用于单位产品，还要适用于系列中的产品群。

——使用公众持续看好的、富有生命力的色彩。

——色彩要体现企业的品质。

图 3-14~ 图 3-16 展示了色彩在产品设计中的应用。

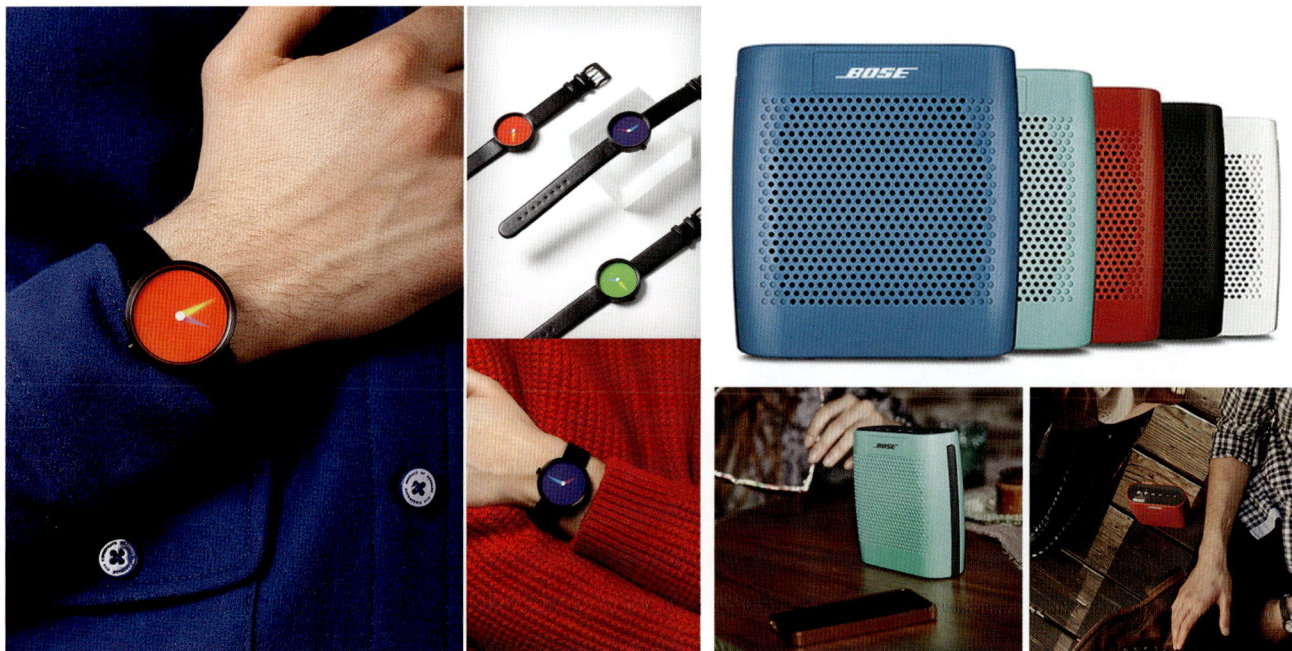

图 3-14 | 图 3-15
图 3-16

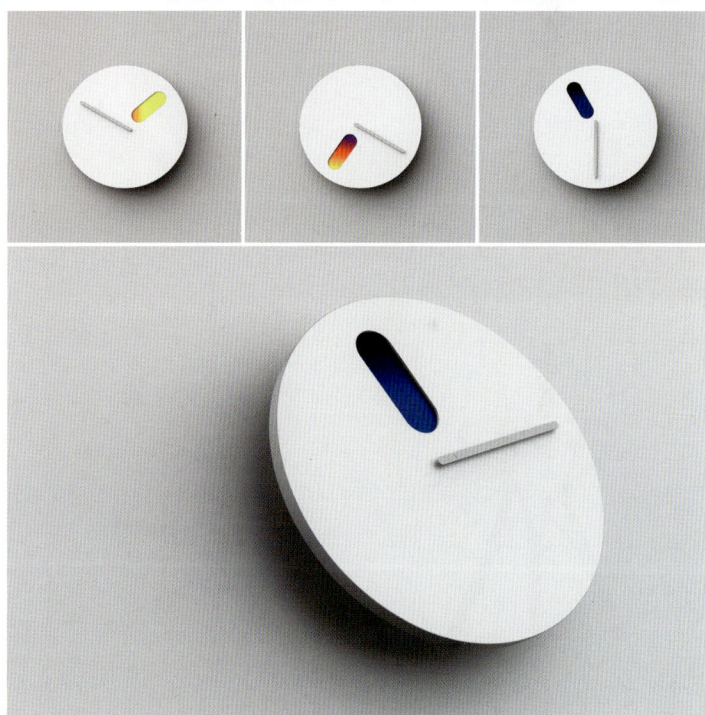

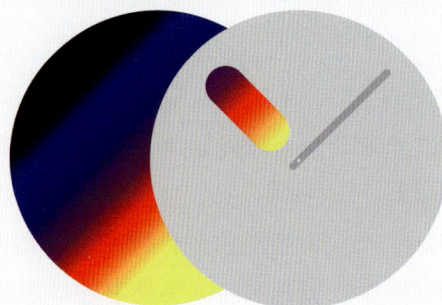

图 3-14 利用色彩混合的理论来显示时间的手表

图 3-15 BOSE 蓝牙音箱，五种不同的色彩搭配，体现了使用人群的色彩偏爱

图 3-16 时光的色彩

（6）材质要素。

产品都是以一定的物质材料制作的，如金属刀具、塑料玩具、木头家具等都由不同的材料制成，以此来实现产品的功能，而这些物质实际就是我们常说的材料。产品必须是以材料为介质，以功能为主导，才能显示出其特有的用途。材料可以分为金属材料、无机非金属材料、有机高分子材料、复合材料等，随着社会的不断进步，发现和发明的材料将越来越多。

材料及加工工艺技术对产品设计与生产影响极大，如早期的自行车由于受可利用的材料种类与加工技术的局限，只能采用金属与木材为加工材料，以铆接等加工手段来制造，那时连轮子也是木制的，所以就相对简陋、粗糙。而如今，自行车的技术性能、加工技术与材料都有了突飞猛进的发展，各种材料相互结合，生产出来的自行车既轻便、耐用，又非常美观。特别是钛合金材料在自行车上的应用，为其超轻便提供了可能性。早期的鱼竿是自然界的竹木制作的，不仅重，韧性也不够；而现代的鱼竿采用碳素钢，不仅能做得更长，韧性也更好，同时还能伸缩，携带更加方便。随着现代三维打印成型技术的成熟，一些在工业时代完全不可能生产的造型逐渐展现出来，新材料、新技术的不断产生，将会给产品设计的创新提供无限的可能性。提倡应用新科技、新材料进行设计创造是产品设计中常见的方式，也是产品表现的重要卖点之一（图 3-17、图 3-18）。

图 3-17 金属拉丝产品

图 3-18 水泥制造的咖啡机外壳，给人以前卫的感觉

（7）环境要素。

在产品设计活动中，环境要素对产品设计来说也是极其重要的因素之一，不可忽视。产品设计师要协调好产品、人、环境三者之间的关系。数字化时代的产品被赋予智慧性和与人类环境的沟通性。地理气候、社会关系、意识形态、民俗风情等多种因素组成了产品存在的"大环境"。产品作为这个环境中被赋予信息的载体，一方面高度集中物质的、智能的、制度的、观念的、审美的文化；另一方面体现人类的多种精神和物质需求。这里所说的环境要素，不仅仅指产品所处的使用环境，还指产品的生产环境、运输环境、仓储环境及人文社会环境。

产品设计项目的程序

通常把创意与设计联系在一起，其实，创意和设计本身是两个概念，创意更多的是一些可能的想法，而设计则是创意的实现，即具有商业价值的产品。

设计创意与市场的关系实际上也是设计创意与消费的关系。市场可以解释为消费需求，市场对设计创意的需求，也是消费者对设计创意的需求，只不过这种需求通过市场这个中介得以反映和表现出来。消费成为一切商品设计创意的动力与归宿。设计生产的目的除了消费之外，还可以帮助商品实现消费、促进商品流通。设计创意以消费为导向，设计创意需要研究消费，研究消费者，了解消费心理、消费方式和消费需求等。目前消费市场的主流还是跟随市场，即消费者需要什么、想要什么，设计师就设计什么，厂家就生产什么，市场就销售什么。其重点在于谁能掌握更多的市场信息，准确预判消费趋势，及时设计、生产出满足市场需求的产品，制定相应的营销模式，最终赢得市场。图3-19所示为产品设计流程。

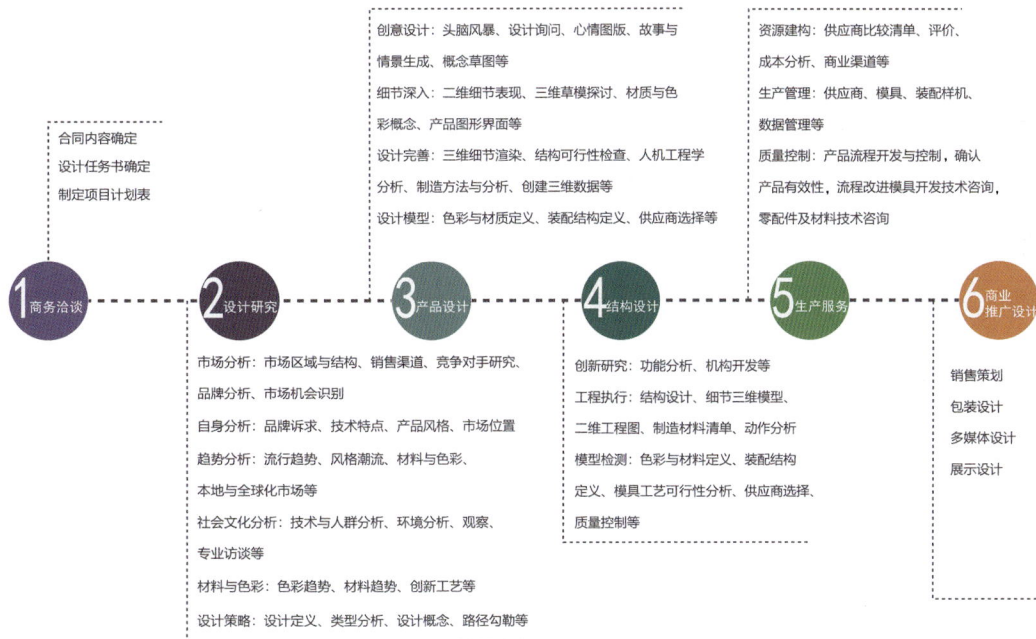

图 3-19 产品设计流程

1. 项目设计调研阶段

（1）项目目标确立。

"设计是一种过程"，设计是一种动态的，不断发展变化的创造、思考、表达、表现的过程，是一个解决问题的分析过程，是一个反复思维的过程与不同表现的过程。数字技术的快速发展促使产品设计分工越来越细，专业化程度越来越高。不同企业、不同地域以及不同案例会有不同的流程，但是，一般的流程都由设计调研阶段、设计构思阶段、深化设计阶段、设计完成阶段构成。在实践中，设计的过程是一个动态变化的过程，受外部条件及不同时代技术影响很大。因此,设计系统的构成变化多端。这些过程的某些环节要素都会变化,构成完全不同的设计系统。但无论如何变化,其基本原理是不变的。

在项目的开始阶段,设计师不应草率入手,一定要与委托方共同明确项目的目的,多问为什么要做这个项目,委托方希望通过项目的合作得到什么,即找到项目的原点。虽然很多设计师都奉行"客户永远是对的"的信条,但没有人永远是对的。当客户出错时,设计师应勇于提出错误。特别是在项目下达时,很多不够成熟的客户对项目的定义是相当模糊的,如"高端、大气、上档次";对项目周期的安排是"越快越好",这些都对项目未来的开展相当不利。因此,在项目的开始阶段,合作双方能就项目的预期目标达成共识是非常重要的。

大部分的设计案例都会从问题出发,客户可能想要改善某个产品、创作一个标志或者修改一下网页。客户在下达项目时,容易将问题想得过于狭隘,单线地寻找解决方案,从而限制了结果的多种可能

性。客户要求做一份新的企业宣传样本来提升品牌知名度,但也许建立一个新网站、办一场宣传活动或拟订一个营销计划更能达成他预想的目标;设计师根据客户的要求为企业更换一个新的商标,但可能创作一个图案形象或者改个名字更能打动市场。由此可见,一个开放的、有明确目标的项目委托更能激发设计创意。

(2)制订项目流程安排表。

很多设计师经常抱怨设计周期太短,总希望有无尽的时间去寻找最完美的创意。但任何项目的任务量无论大或小,周期都是固定的,因此,如何在限定的周期内协调工作,完成创意实践是每一位设计师必须掌握的技能及应有的职业操守。普遍的方法是设计师或设计团队根据项目的要求、难度及设计流程的一般规律,制订出合理的项目周期流程表,将各个阶段须完成的任务限定在具体的时间段内,这对整个设计流程的顺利进行十分重要。上海工艺美术职业学院的扭蛋设计时间计划见图3-20。

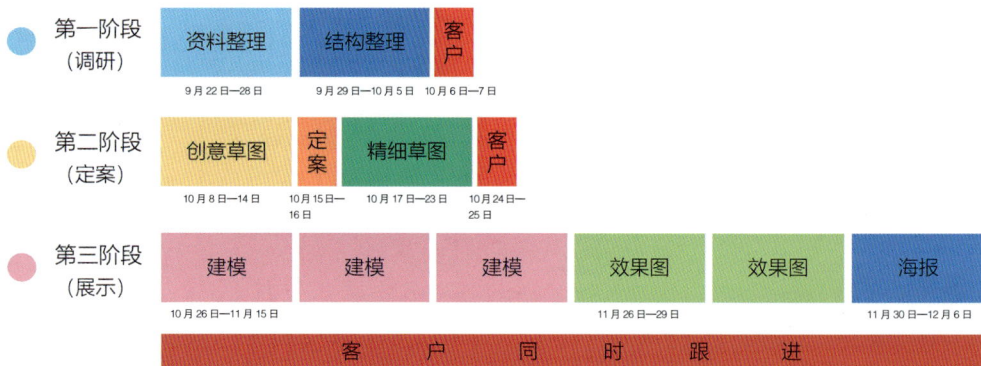

图 3-20 上海工艺美术职业学院的扭蛋设计时间计划

(3)设计项目团队分工。

设计项目往往不是一个人能够完成的,它需要不同的设计师或从事不同专业的人协同合作,根据不同的项目建立合适的创意团队在项目前期是十分必要的。然而,并不是将优秀的设计师简单组合在

一起就能形成一个优秀的创意团队,应根据项目的需要和各设计师的不同特点进行合理的工作安排,充分尊重每一个个体对项目的作用及贡献,方能实现团队价值的最大化。上海工艺美术职业学院的扭蛋项目团队分工图见图3-21。

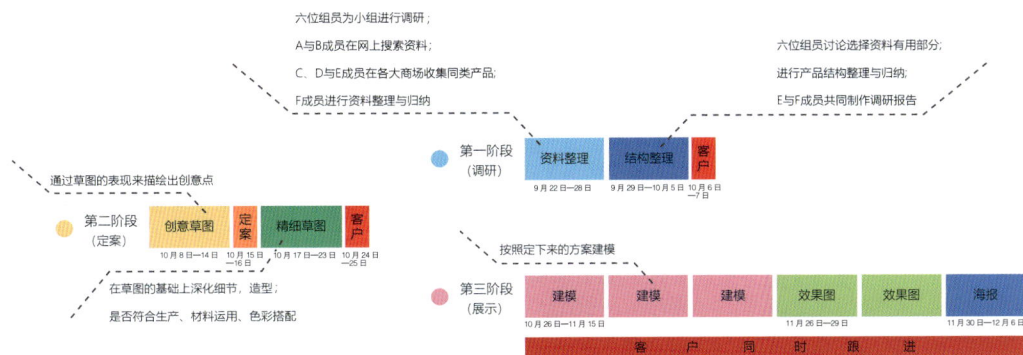

六位组员为小组进行调研；

A与B成员在网上搜索资料；

C、D与E成员在各大商场收集同类产品；

F成员进行资料整理与归纳

六位组员讨论选择资料有用部分；

进行产品结构整理与归纳；

E与F成员共同制作调研报告

通过草图的表现来描绘出创意点

在草图的基础上深化细节，造型；

是否符合生产、材料运用、色彩搭配

按照定下来的方案建模

图 3-21 上海工艺美术职业学院的扭蛋项目团队分工图

组建团队的同时，应建立合理的团队机制，其中两个重要的因素就是分工与协作。团队机制是对团队内各成员的分工、合作以及监督等职责的规定，具体反映在建立一系列规章制度，同时着重落实团队各成员在团队内的"身份"，而这种身份事实上即是其团队职责的反应。所以，一个完善、合理的团队机制，其重点是成员工作职责的明确划分，明确每个团队成员的具体工作职责，使得团队内各成员都对其本职工作负责，无论是项目组长还是组员，都可以找到自己在整个项目中的定位。

（4）项目前期市场调研。

市场调研是接受客户委托、确定项目以后，根据需要了解客户的产品情况。产品设计项目通常是基于已有产品进行创新的，并且很多是在现有的产品定位分析的基础上，注重产品的提升或更新。企业想要继续占领已有市场，或者扩大市场份额，其经营者需要通过市场调研做出相应的营销决策，这些决策直接关系企业未来发展的命运。因此，如何开展市场调研，分析调研结果，做出正确的市场预判，对企业、设计都是至关重要的。

市场调研的主持者可以是企业自身，也可以是专业的调研公司，或者是承接设计任务的设计公司。

需要调查与分析的资料：产品的使用环境资料；市场同类产品的资料；产品的使用者资料；产品的材质、色彩资料；产品的功能结构资料；产品的人机工程学资料；产品的购买需求、价值观资料；产品生产工艺及技术资料；其他相关资料。

在产品设计的过程中，调研是必不可少的一部分，需要从心理学、设计方法等多维度进行探索与思考，针对一份市场调研，通常采取定性调研与定量调研两种方法。

定性调研指的是运用用户深访、焦点小组、用户测试的方式进行研究。

问卷法是调查者运用统一设计的问卷向被选取的调查对象了解情况或征求意见的调查方法，是以书面问题的方式来搜集资料的研究方法。研究者将所要研究的问题编制成问题表格，以邮寄、当面作答或者追踪访问的方式让调查对象填答，从而了解调查对象对某一现象或问题的看法和意见。问卷法的运用，关键在于编制问卷、选择调查对象和进行结果分析。

在设计问卷的初期，首先需要了解目标用户。例如，需要收集目标群体的人口统计数据，调查受众对主要特性使用的优先级别，了解用户对于产品的细分维度或功能上可用性的评价，如需求程度、难易程度等，还要了解用户对于产品的整体性使用评价和满意程度。此时需要一份详细的问题清单 (图 3-22)。

您年龄多大？

您收入多少？

您的教育水平是什么？

您使用什么操作系统？

您是否使用过购物网站？

您使用购物网站的频率是怎样的？

您一般在购物网站上都买些什么东西呢？

对于购物网站，您觉得哪些功能最重要？

您觉得现在的购物网站哪些地方多余？

您还希望有哪些新的功能？

图 3-22 问题清单

接下来需要进行问卷的题目设计。通常围绕访谈的目的设计，一个题目针对一个问题，注意题目安排的逻辑性；在选项设计环节，选项内容还需要全面，并且选项之间互不包含。

以下为市场问卷调查表样式示意。

市场问卷调查表

1. 您是否喜爱实木家具？　　是□　　否□

2. 您是否经常购买家具？　　是□　　否□

3. 你更喜欢哪种色彩的家具？　　红色□　黄色□　白色□　木色□　褐色□　黑色□　紫色□　蓝色□

4. 您对家具品牌的了解有多少？　　很少□　一般□　很多□

5. 您对家具品牌是否了解？　　是□　　否□

6. 您对国际家具品牌的印象如何？　　不好□　一般□　好□

7. 您对国产家具品牌的印象如何？　　不好□　一般□　好□

8. 您是否购买过"宜家"的商品？　　没有□　偶尔□　经常□

9. 您喜欢什么样式的家具产品？

　　欧式古典风格□　　北欧简约风格□　　美式田园风格□　　中式古典风格□　　中式节约风格□

10. 您对家具产品的质量是否感到满意？　　不满意□　一般□　满意□

11. 您对国产家具品牌的价位有什么看法？　　便宜□　一般□　太贵□

12. 您对国际家具品牌的价位有什么看法？　　便宜□　一般□　太贵□

13. 您大概觉得卧室家具系列用品（包括床、衣柜和电视柜）的价位是多少才能接受？

　　4000元以内□　　8000元以内□　　15000元以内□　　25000元以上□

14. 您对于家具产品的购买更倾向于哪些方面？（可多选）

　　价格□　功能□　流行□　品牌□　其他□

15. 对于国内外家具品牌您更钟爱哪个？　　国内□　国外□

16. 您的性别：　　男□　女□

17. 您的年龄阶段：　　少年□　中青年□　老年□

18. 您的职业：　　学生□　工人□　老板□　其他□

19. 您的月收入：　　500元以下□　500~1000元□　1000~5000元□　5000元以上□

20. 您对市场上销售的家具有什么看法？

　　产品的价位太高难以接受□　　产品质量应该加强□　　产品的售后服务应该加强□　　产品的款式应该更加新颖□

调查人：

调查时间：

调查地点：

定量调研则采用电话访问、街头拦访、网络调研等方式进行，不同的调研方式又会有差别，需要根据不同的情形、不同的调研人群进行区别化访问。

问卷法一般包括结构性问卷、非结构性问卷和量表性问卷。在定量研究的过程中，通常使用结构性问卷和量表性问卷。图3-23所示为问卷设计流程。

市场调研报告往往含有大量的数据罗列及分析，常规的发布方式可能过于枯燥、晦涩，影响客户的理解。设计师应尽可能将枯燥的数据用清晰、视觉化的创意图表来表达，不仅便于客户理解，而且能调节方案发布现场的气氛，增强客户对设计师的信任与好感。

2. 设计构思阶段

（1）设计创意发想。

当看到一个新产品或新设计时，会感慨："我几年前就有这个想法了！"，可是当时并没有马上去实现自己的想法或为自己的想法申请专利，所以现在它属于其他人了。创意如果永远停留在设想阶段，那它就没有价值，只有"落地"的创意才有价值。

在这个阶段，针对前面提出的观点，组织团队进行头脑风暴，此阶段属于创意"爆棚"时期，需要不断进行头脑风暴（图 3-25），寻求解决问题的方案，并对这些方案进行整理分类，找到最可行的方案。

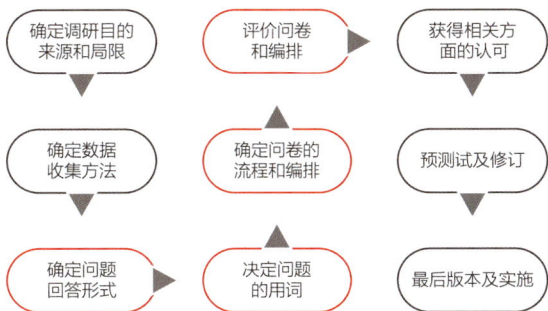

图 3-23 问卷设计流程

对整个问卷的评估主要从以下几个方面来进行（图 3-24）。

问题是否契合调研目的；

各问题是否有必要；

问题是否有逻辑混乱；

选项内容及编排是否存在误差；

问卷是否太长；

排版是否整齐有条理；

说明与问题在字体或颜色上是否有区分。

图 3-24 问卷评估

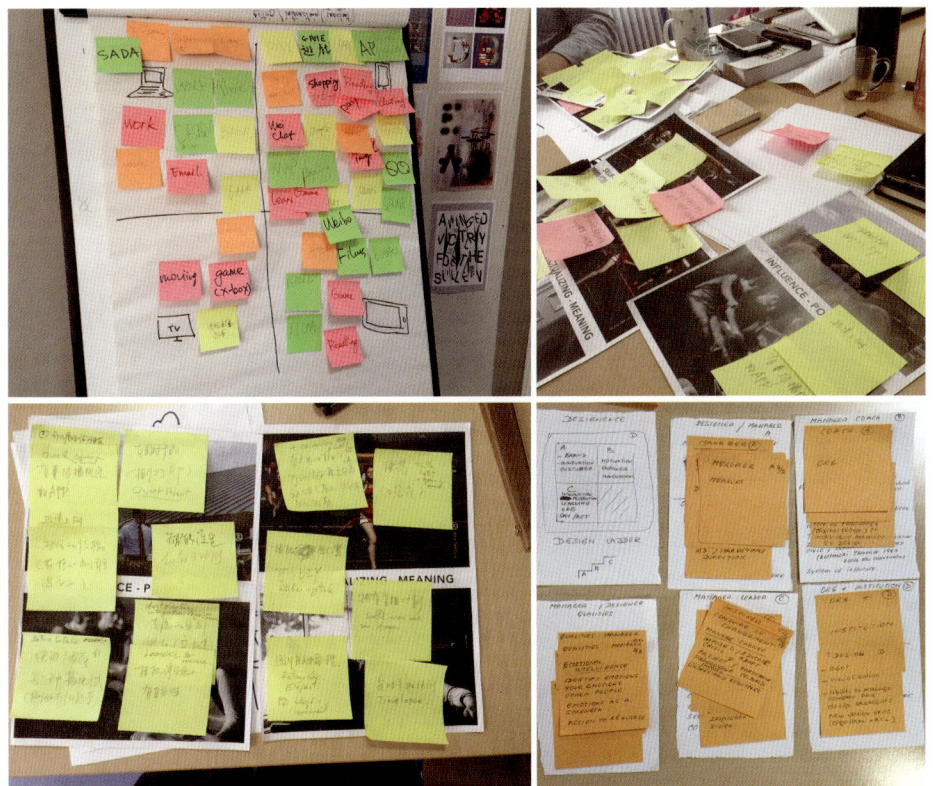

图 3-25 头脑风暴

（2）草图的绘制及形态推敲。

在设计初期，创意可以说是信手拈来、源源不绝，但要让每个有机会实现的创意概念视觉化并且进行测试是需要时间的。因此，设计师常常会先从一项有趣、开放式的研究着手。这个过程包括列出清单和画草图，也就是在图纸上将已有概念的部分画出来。因此，好的手绘草图是表达创意最快速、准确的方法与手段。

手绘草图不仅能记录瞬间的灵感，而且有助于研究和深化设计方案。直观的形态构思是设计师对方案进行自我推敲的一种语言，也是设计师之间相互交流探讨的一种语言，它有利于空间造型的把握和整体设计的进一步深化，这在创意构思阶段是非常重要的。当将这些随手勾画的草图加以整理，并选取其中与设计目标相一致的方案做进一步的深化后，此时离设计的预期目标就越来越近了。许多时候，设计创意就在不经意的"乱写乱画"之中渐渐地清晰起来，使原先的幻想变成现实，如图 3-26 所示。

EVANS'夏荷
系列设计分享

图 3-26 EVANS'夏荷系列，作者：张渺

3. 深化设计阶段

（1）快速测试。

在确定最优方案后，需要动手制作出一个粗略但足以表达该方案主要特征的模型。因为在模型制作的过程中，可以发现一些设计创意发想中可能忽略的问题。制作好模型后邀请目标用户对粗略模型进行测试，记录整个测试过程以便后面的研究，在得到用户反馈后，对模型进行整改或者重新制作模型。

例如，图 2-40 为学生团队成员用纸质板材制作的简易模型。这个过程可以验证模型的体量尺寸、手握方式等是否符合用户的使用习惯，同时可以模拟相应的使用场景，来验证之前的想法是否可行。这种简易模型在视觉感受上更直观，更易于设计团队成员的沟通和交流。

（2）项目方案完善。

在产品设计开发过程中，可利用计算机数字技术，帮助设计师、工程师等进行设计。计算机数字技术是其设计开发过程中不可或缺的部分，它将产品的外观形态、结构、特点、功能、工作原理等通过虚拟形式立体呈现出来，使人们能够直观、全方位、动态了解产品各项外在与内在特点，体现其形态、色彩、结构、功能等。尤其是工业产品的外观、结构、功能、生产流程等。图 3-27 所示为利用 3D 打印材料特性制作的一次性成型笔杆。

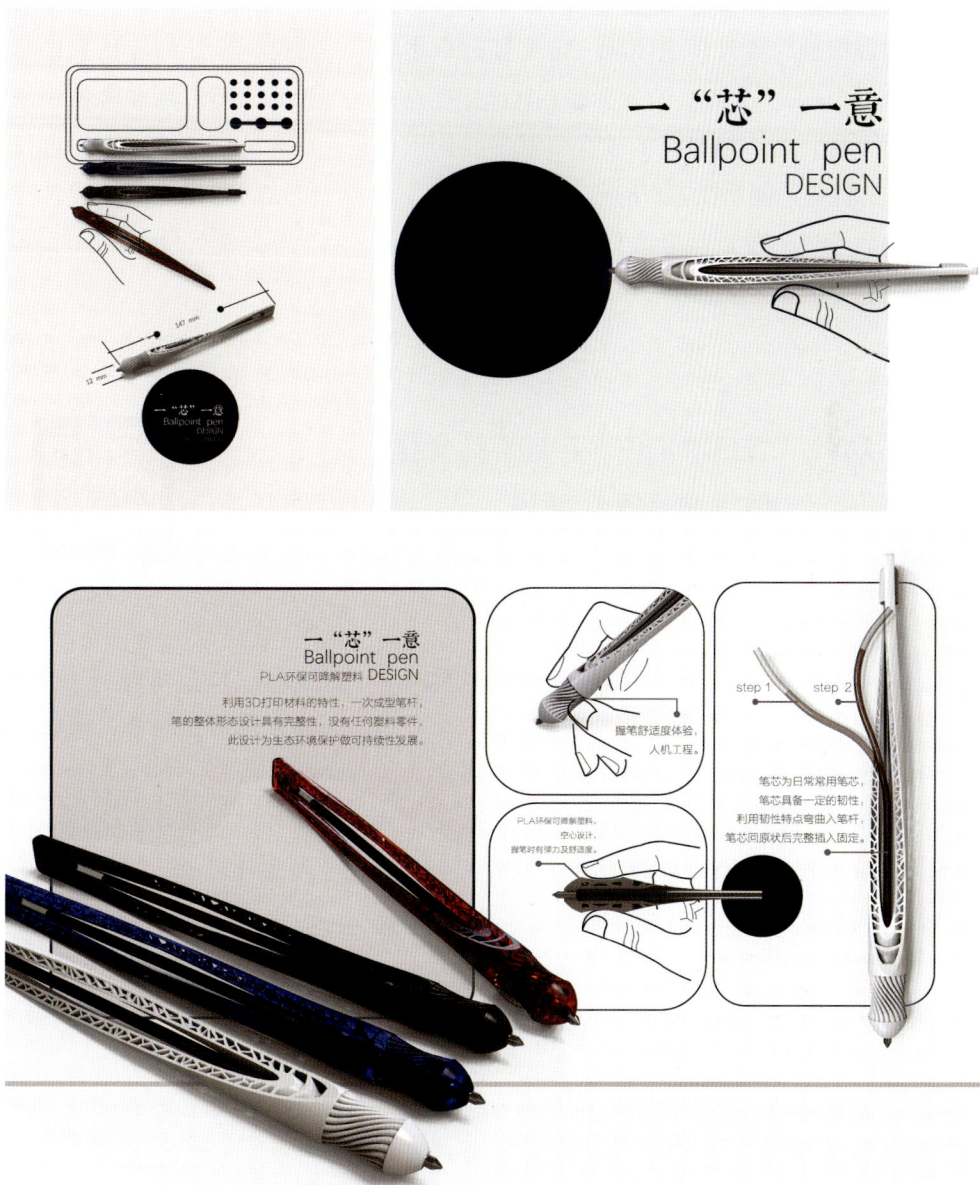

图 3-27 一 "芯" 一意，作者：张渺

（3）手板模型制作。

手板模型制作之前设计方案既已确定，设计师与结构工程师合作完成从设计概念到最终结构图的转变，各个零部件之间的机构设计合理，并严格按照实际尺寸制作。除此之外，综合考虑产品属性、设计方案以及实际操作等因素，设置机器各部件材质、色彩以及外观效果。

这部分工作的完成需要设计师熟悉材质加工工

艺,能把自己的设计想法通过实际的效果表达出来。

4. 设计完成阶段

在项目设计方案提交时,设计师切记不要提交那些连自己也不满意或模棱两可的方案,这样很可能失去的不是这个项目,而是这个客户。因此,在项目方案提交前,设计师或团队一定要经过严格的内部自审,保证每一个提交的方案都有其设计亮点,方案切实可行,与市场现有的或竞争对手的创意相比有明显的优势,能站在客户的角度考虑问题。

设计师通过创意设计方案打动客户,因此,创意设计的提案也要精心制订,富有创意才能帮助客户理解方案,最终打动客户。

成功的提案应具备以下因素:

(1)提案本身应有较强的创意与技术含量;

(2)设计师应具备较强的表达能力来说服客户;

(3)提案的视觉设计应专业、细致、图文并茂。

客户一般在听完创意提案以后都会提出不同的意见,设计师应认真倾听客户的意见,重视客户的意见,哪怕是非常尖锐的意见。千万不要一听到反对意见就反感,立即进行反驳。因为客户与设计师所站的角度不同,设计完成后,所有的市场压力几乎都在客户身上,因此设计师必须尊重客户。

学习活动9:"江南印象"工艺茶具文化创意产品设计项目

"江南印象"工艺
茶具设计视频

项目案例:

"江南印象"工艺茶具文化创意产品设计项目。

项目研究背景:

国家的支柱文化创意产业背景;文化创意产业是区域经济发展的需求;国家高度重视工业设计的创新,把推动产品创新设计作为提升国家竞争力的一项长期战略任务;文化创意产业是"工业4.0"时代下工业领域新一代革命性技术的发展趋势。

项目内容介绍:

儒家的审美标准用一个字来概括,就是"和"。"和"体现包容性,包容性必然衍生多样性。而多样性也是造型与装饰在注重整体效果之下的多样性。把"和"的观念应用于造物工艺之上,就体现在形式与功能的协调结合和造型的多样性。中国古代审美要求"内敛",正是美善统一的自觉要求。"和"体现"天人合一",表现在造物设计上则体现"形式表达情感"的设计理念。对消费者来说,购买的不仅仅是产品的使用功能,他们需要通过让人赏心悦目的形式,购买包含其中的人文价值、精神关怀和自我意识。以"江南印象"工艺茶具设计为例,把茶道精神与吴越地域特色的江南园林设计美学结合起来,通过对设计元素、产品定位、形态、色彩、制作等方面的研究分析,将传统开发方式与"工业4.0"时代下的数字化产品设计开发技术进行对比,阐述文化创意产品的多元化发展及"工业4.0"时代下数字技术的创新趋势。

项目类别:

"江南印象"工艺茶具文化创意产品设计开发。

项目团队:

上海工艺美术职业学院数字营造实验室,指导教师:向进武。

研发方式:

自主研发。

项目周期:

6个月。

"江南印象"工艺茶具文化创意产品设计项目流程安排见图3-28。

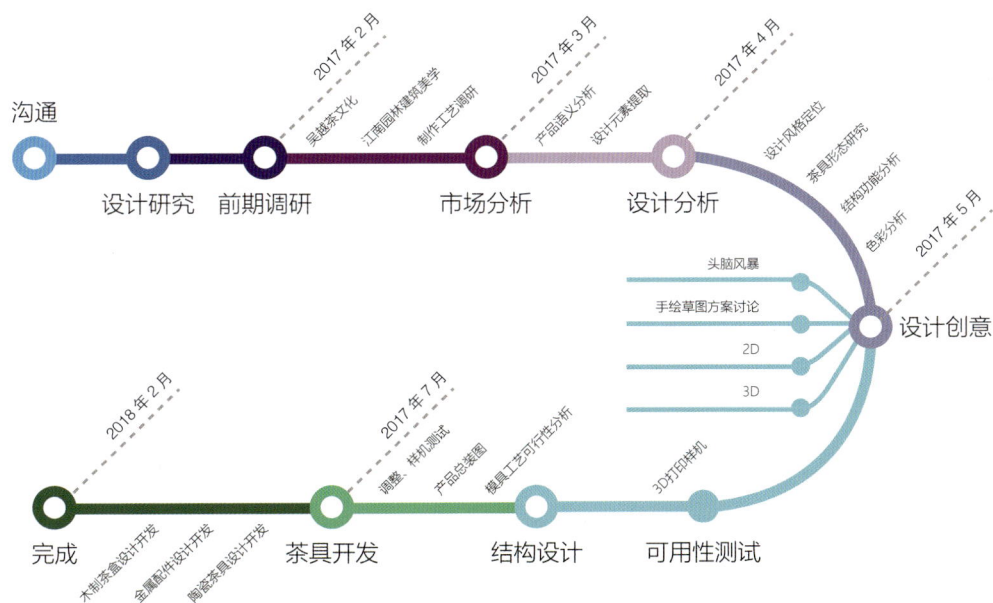

图 3-28 "江南印象"工艺茶具文化创意产品设计项目流程安排

（1）项目前期市场调研。

①饮茶——中国传统饮食文化研究。

茶道是以修行得道为宗旨的饮茶艺术。在中国传统饮食文化中，茶文化更是一个艺术的宝库，中国茶道精神是中国茶文化的核心。

吴越以太湖流域为中心，范围包括上海、江苏南部、浙江、安徽南部、江西东北部。吴越地区汇集名茶、名水、名山。江南茶区是中国茶叶的主要生产区，年产量大约占全国总产量的 2/3。其中，苏杭自古以来就是名茶产区，苏浙区域的绿茶在中国绿茶中占有举足轻重的地位，明朝时期的13 种名茶中就有 3 种产于杭州，而其中的龙井茶就是家喻户晓的名茶。中国茶文化向来主张契合自然，吴越地域也是佛、道胜地，儒、道、佛三家在这一产茶胜地集结，共同创造了中国的茶文化体系。图 3-29 所示是绿茶。

图 3-29 绿茶

②江南印象——以吴越地域为代表的中国传统园林建筑设计美学。

中国古代在园林的建造上形成了一整套的园林设计美学思想和具体的操作方式，其中蕴含了中国文人所向往的理想居住文化。中国传统园林设计，把自然山水浓缩于一园之中而形成微观景象。苏州古典园林是吴越地域的代表性园林建筑，其多为私家园林。图3-30体现了以吴越地域为代表的中国传统园林建筑设计美学。

图 3-30 以吴越地域为代表的中国传统园林建筑设计美学

③传统工艺陶瓷的调研（部分）。

品香、斗茶、插花、挂画并称中国古代的"四大雅事"。王羲之《兰亭集序》描述的兰亭雅集就是文人雅士饮酒、品茗、吟诗作画的盛会，逸趣赏玩融入宗教思想及古典美学的精髓。茶器、花器与香器作为主要载体，伴随着"术道"的历史传承与延伸。

图3-31所示是对江西景德镇陶溪川、陶艺村，河南郑州董晓峰工作室，河南洛阳唐宝斋（高水旺大师工作室）的考察。

图3-31 江西景德镇、河南郑州、河南洛阳考察

④"江南印象"工艺茶具——具备吴越文化气质的现代设计美学研究。

a. 设计元素提取——山水。

中国的山水画，咏山颂水的诗词、音乐，仿自然山水的园林建筑等都是中国人崇尚自然山水的表现。提取吴越"山水意象"（图3-32），以形态简化的手法表现山水，以形现意，以意达情。

b. 设计元素提取——江南园林建筑（图3-33）。

居住的功能分实用与观赏两个部分，苏州园林中建筑类型有厅堂、楼宇、亭阁、桥堤等。不仅可住人，而且必须可游、可行、可望。提取江南小景的建筑元素，既可以是圆拱石桥，也可以是亭楼画阁，或者是太湖景石。

茶艺提倡与自然协调，在山水之间追求回归自然，唤醒人性真善美的本性，正所谓"人之初，性本善"。现代茶具也是功能与美学、物质与精神的结合，将品茶这一物质生活的过程演化为提升精神和陶冶性情的途径，然后上升到独具魅力的茶文化层面。

图 3-32 "吴越"山水意象

图 3-33 江南园林建筑

（2）产品定位。

"江南印象"工艺茶具产品由茶壶、茶盏、公道杯、茶具收纳盒四个部分组成。一壶、两杯、公道杯、茶具收纳盒，共五件。

（3）形态研究。

①"江南印象"工艺茶具整体以圆球形来表现，

茶具收纳盒为四方木结构，象征中国"天圆地方"的理念。

②壶身顶部形态：起伏的波纹，象征园林中的一处水景。

③壶盖中央形态：江南园林建筑，金属件。可根据个性化需求定制，或石桥，或太湖石，或

亭台楼阁，或植物。将中国传统园林四大要素融入其中。

④茶壶提把整体形态：茶壶提把隐入壶身，与起伏波纹融于一体，金属件。当提手竖起时，除体现提壶功能外，壶把与壶身也正好融合成圆的形态。

⑤茶具收纳盒形态：方便室内、室外饮茶，木制件。由盒体、盒盖、盒座组成，展开为茶海。茶海提取山与水为设计元素，引导饮茶人按秩序摆放茶具。

⑥"江南印象"工艺茶具提取"江南园林建筑"设计美学元素，茶壶中看天下，小中见大，将"天人合一"的自然观融入其中。

（4）色彩分析。

黑白两色是中国传统文化用色。中国道教文化中阴阳太极八卦图，黑白两色相反对称结构暗示宇宙阴阳的变化和自然永不休止的运动。围棋棋子为黑、白两色，黑、白棋子分别代表着阴、阳。阴、阳最初的含义是冷和热，后来又具有了抽象意义，可表示黑暗与光明，还可表示女性和男性。中国写意山水画中黑墨与白宣之间呈现了一种黑白双色的交融。吴越地域的民居、园林都是粉墙黛瓦，好似一幅水墨画，在天地间醒目、和谐。

"江南印象"工艺茶具将中国传统文化用色融入设计中，让人置身于水墨画的情境中，低调而高雅，正符合了道家的色彩观念——无色而五色成焉（图3-34）。

图 3-34 道家色彩观念

（5）设计创意。

"江南印象"工艺茶具前期设计方案效果图见图3-35，设计方案效果图见图3-36。

（6）茶具开发。

①工艺茶具传统开发技术。

传统的陶瓷茶具开发往往以单一瓷器开发为主，以传统技艺绘制图稿，再进行手工拉坯、画坯、烧结。

景德镇传统青花瓷圆器制作过程为揉泥、做坯、利坯、荡里釉、画坯、混水、施外釉、挖底足、写底款、施底釉、装釉足、满窑、烧窑、开窑、检验等。图3-37为传统陶瓷茶具制作过程。

图3-35 "江南印象"工艺茶具前期设计方案效果图

图3-36 "江南印象"工艺茶具设计方案效果图

②现代茶具数字化设计开发。

开发设计过程需制作样品，而且这个过程需要反复沟通和修改，重复性工作多，样模制作成本高。而数字三维表现以及数字三维打印技术的普遍应用，可以使陶瓷产品设计开发技术更加快捷、方便，同时效率更高，效果更好。现代陶瓷产品设计开发流程与现代陶瓷产品数字化设计开发流程如图 3-38 所示。"江南印象"工艺茶具开发流程如图 3-39 所示。

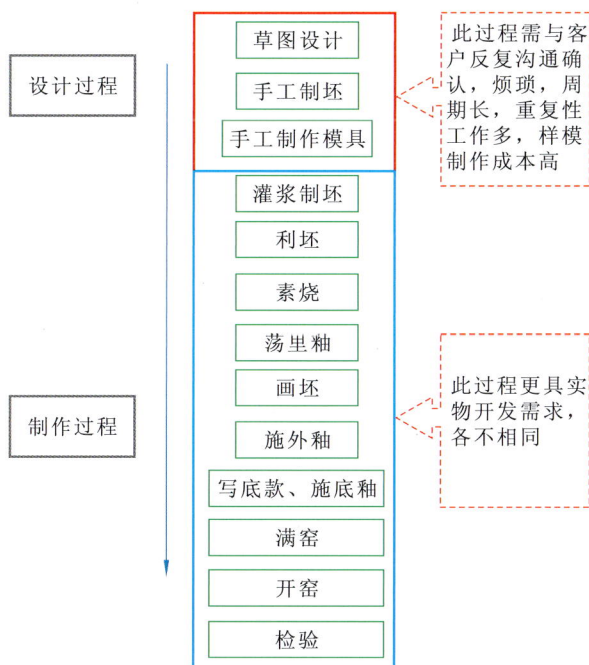

图 3-37 传统陶瓷茶具制作过程

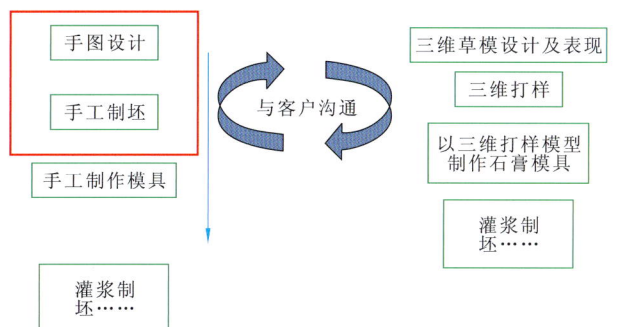

图 3-38 现代陶瓷产品设计开发流程与现代陶瓷产品数字化设计开发流程

陶瓷茶壶设计开发流程：
1. 设计草图
2. 草图模型
3. 三维效果表现
4. 三维打印样模
5. 样模翻石膏模具
6. 灌浆制坯
7. 利坯
8. 上釉
9. 满窑
10. 开窑
11. 检验

金属配件设计开发流程：
1. 设计草图
2. 草图模型
3. 三维效果表现
4. 三维打印蜡模
5. 蜡模翻金属样板
6. 执模
7. 金属样板翻硅胶模具
8. 执模
9. 金属表面处理
10. 装配

木制茶盒设计开发流程：
1. 设计草图
2. 草图模型
3. 三维效果表现
4. 数字输出
5. CNC三维数字雕刻
6. 精修和打磨
7. 抛光
8. 装配

图 3-39 "江南印象"工艺茶具开发流程

（7）文化创意产品的多元化发展。

设计的数字化发展，是以数字化软件技术创建供工程使用的草图和三维概念模型，并在新产品开发的各个阶段利用产品三维数字化模型推动创新。其通过组合参数、快速优化创意将产品数字技术融入生产中。

①文化创意的广泛性。

文化创意是以文化为元素，融合多元文化，整理相关学科，利用不同载体而构建的再造与创新的文化现象。

②传统工艺与现代技术的双向发展。

在"工业4.0"时代下，数字化技术不断发展，产品数字开发技术融入传统工艺美术行业，文化创意产品的传统工艺现代化、数字化技术开发的不断深入，使工艺类文创产品制造具备高效性、可控性。

在数字化技术下，设计不仅仅停留在手工画图的过程中，而是借用数字化软件技术设计、制作茶具的三维数字模型，进行可视化设计，提高设计的完成度与仿真装配模拟。三维打印技术已用于快速成型、模具生产和其他产业工具、最终产品的直接数字化制造以及个人制造等领域。

（8）项目总结。

从中国茶文化研究入手，把茶道精神与具有吴越地域特色的江南园林设计美学结合起来，通过对设计元素、产品定位、形态、色彩、制作等方面的研究分析，将传统开发方式与"工业4.0"时代下的数字化产品设计开发技术进行对比，阐述了文化创意产品的多元化发展，并展望了"工业4.0"时代下数字技术的创新趋势。

"江南印象"工艺茶具（图3-40、图3-41）是一套组合式的茶具套装，包装紧凑，展开是一套茶海，配上"江南水乡"式的茶壶、茶杯套装，闻着从"江南山水"茶盘飘出来的淡淡熏香，欣赏着茶盘中的立体"江南山水"，犹如游江南。

小结：

通过"江南印象"工艺茶具文化创意产品设计实践，展现了创新项目的挑战，以及如何推进产品设计工作流程一步步发展，最后找到合理的解决方案。产品设计的工作流程遵循如下规律，即整个工作流程是一个"收缩—膨胀—收缩—膨胀—收缩"的过程，第一次"收缩"是理解问题，当拿到挑战项目时进行理解分析，最终找到研究方向；第一次"膨胀"是进行前期调研，收集和吸收更多有用信息；第二次"收缩"是挖掘机会点，将调研信息进行整理与分析，最终找到切实可行的机会点；第二次"膨胀"则是创意发想，针对机会点进行头脑风暴，以提供更多的解决方案；第三次"收缩"是从众多方案中选出最好的概念方案，并不断地完善，以得到切实可行的解决方案。

图 3-40　"江南印象"工艺茶具（一）

THE "JIANGNAN IMPRESSION" PROCESS TEA

图 3-41 "江南印象" 工艺茶具（二）

4
设计创意
实践项目
案例分享

4.1

迪士尼文化创意产品设计项目

项目要求：

需体现迪士尼品牌文化，突出故事性及情节性，可以依据当前人们生活所使用的系列小产品进行功能、外观、节能和材料方面的改进，或者是面向未来的概念性创意，也可以是对传统产品的革命性的替代解决方案。

项目类别：

品牌文化创意产品设计开发。

项目团队：

上海工艺美术职业学院产品设计专业 GOO 设计团队（指导教师：金一歌）。

研发方式：

自主研发。

项目周期：

3 个月。

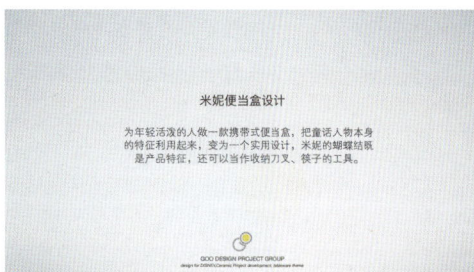

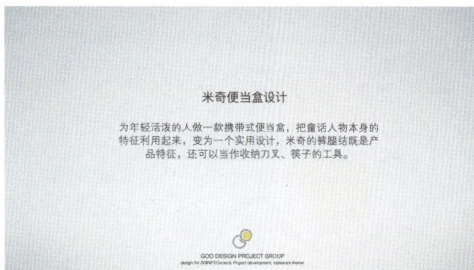

4.2

异时空 AR 眼镜外观设计项目

项目要求：

　　打造一款带有科幻色彩的产品，打破传统游戏模式，使用者戴上它即可体验虚拟世界，通过跟踪眼球视线轨迹判断用户目前所处的状态，并开启相应的功能。

项目类别：

　　产品设计开发。

项目团队：

　　上海工艺美术职业学院产品设计专业 GOO 设计团队（指导教师：金一歌、向进武）。

研发方式：

　　企业研发。

项目周期：

　　3 个月。

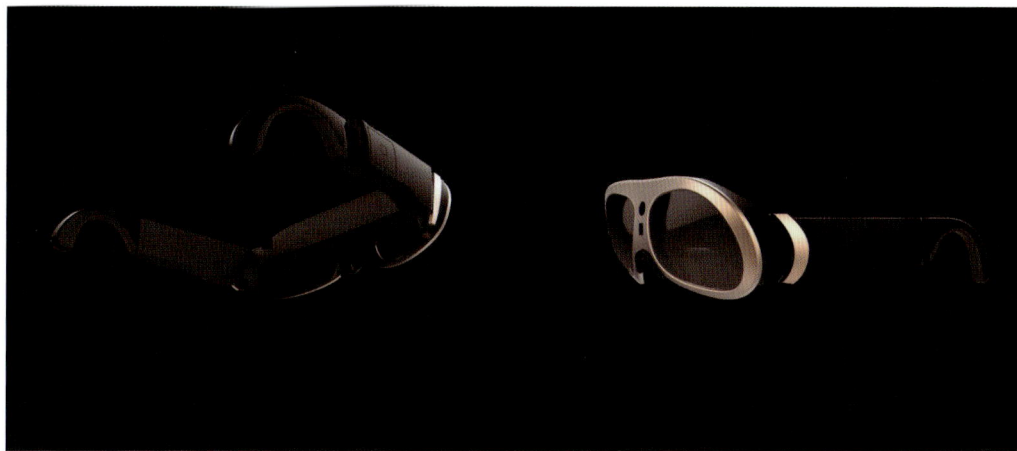

细部图

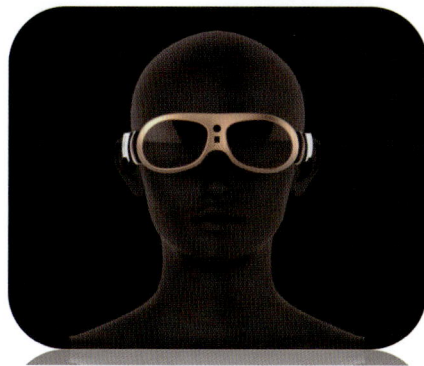

CST 异时空 e-space time

AUGMENTED
REALITY GLASSES

GOLD　　SILVER　　PINK　　BLACK

CST 异时空 e-space time

AUGMENTED
REALITY GLASSES

	front view		Beautiful and fashionable
			Lightweight and convenient
	side view		Large viewing angle clear imaging
			Android integrated machine
	top view		TOF support 3D scanning The spatial modeling&spatial localization

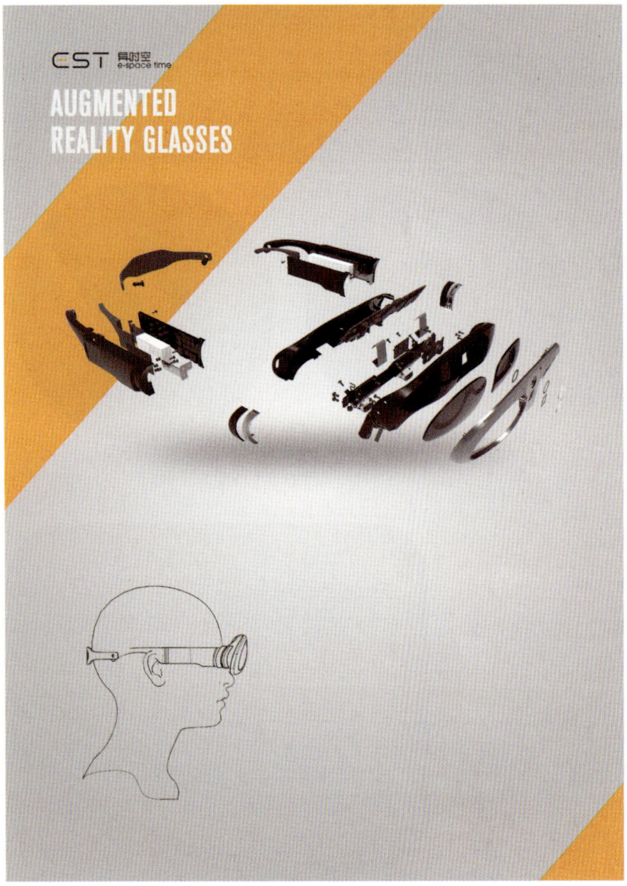

CST 异时空 e-space time

AUGMENTED
REALITY GLASSES

CST 异时空 e-space time

E
SPACE
TIME

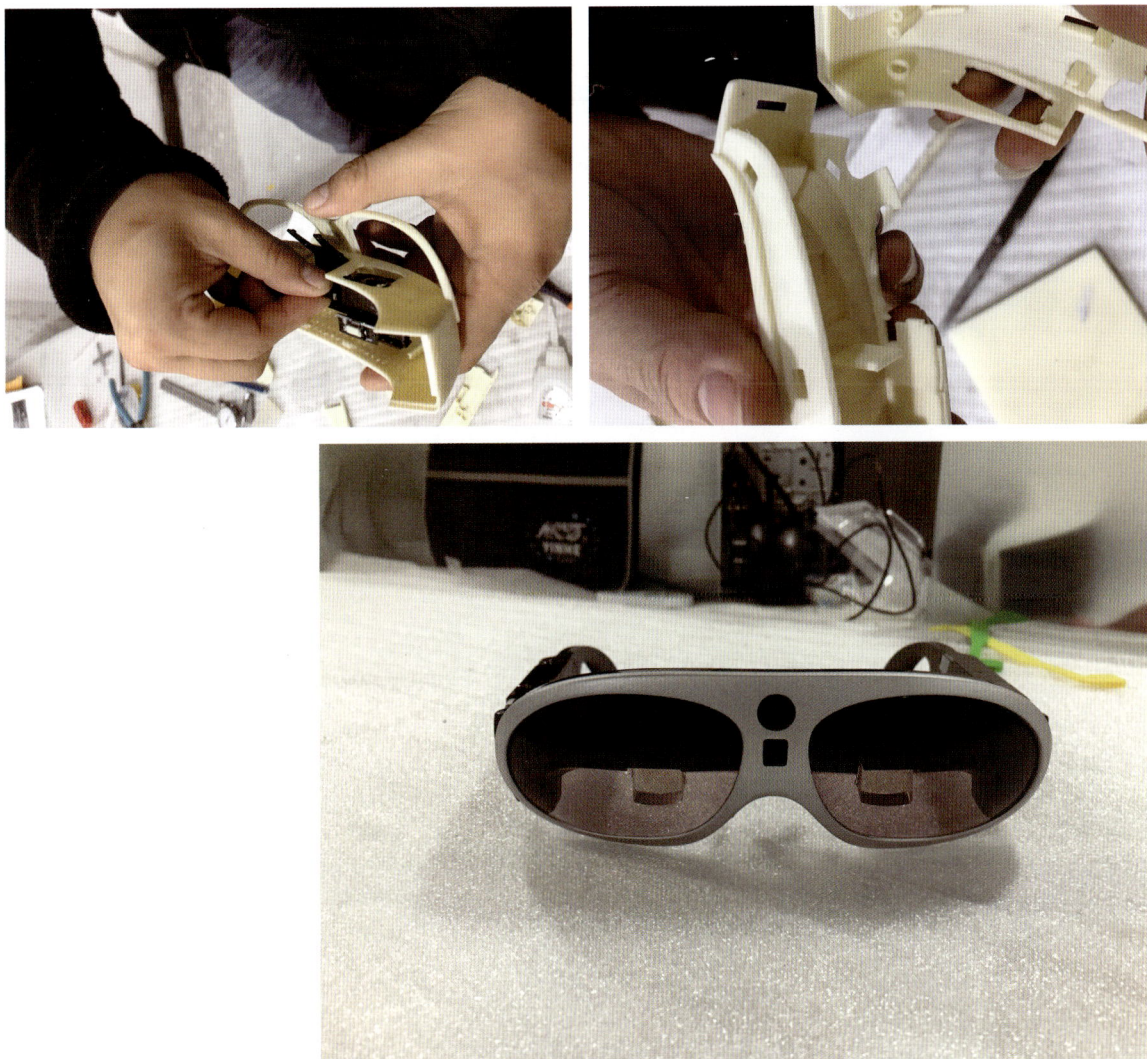

台铃 C-One 新车展手工皮革产品定制设计项目

项目要求：

　　体现该品牌新车系列的主题风格，皮革产品符合并适用于新车装备；皮革产品需融入自然、复古的感觉，设计出属于该品牌新车的辅助形象。

项目类别：

　　皮革产品设计开发。

项目团队：

　　上海工艺美术职业学院产品设计专业 EVANS'设计团队（指导教师：张渺）。

研发方式：

　　企业委托。

项目周期：

　　3 个月。

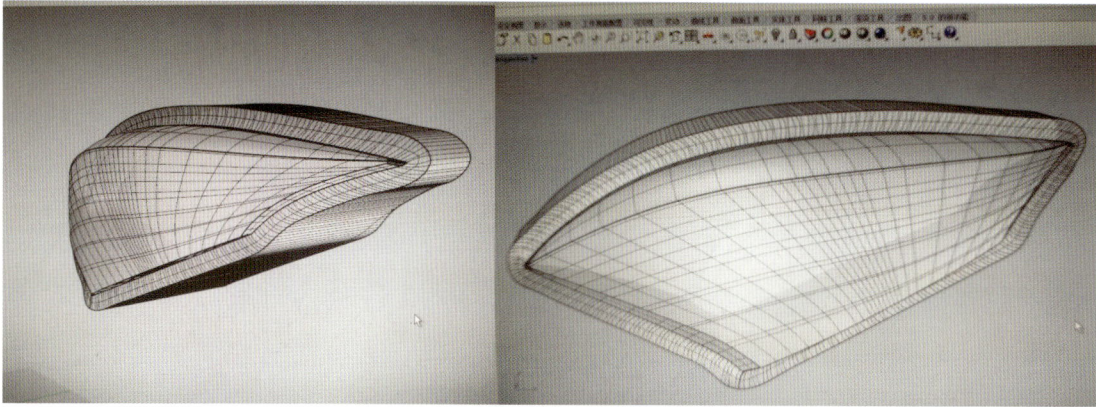

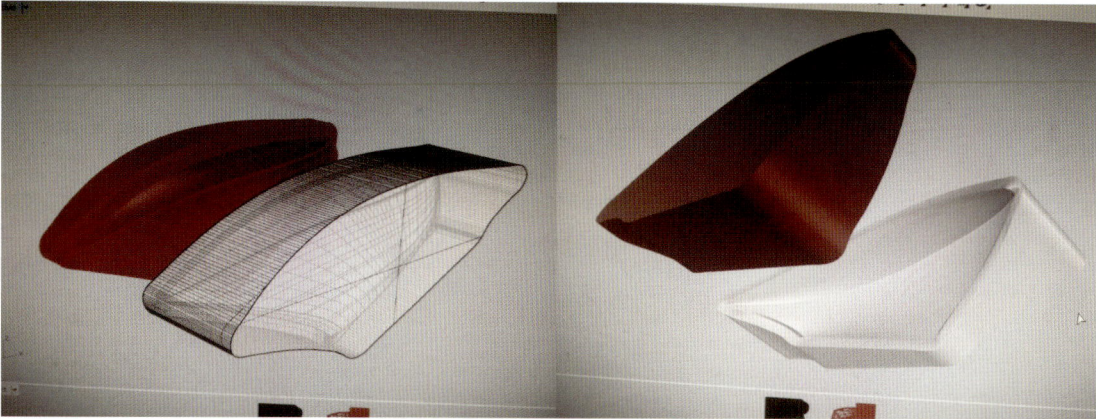

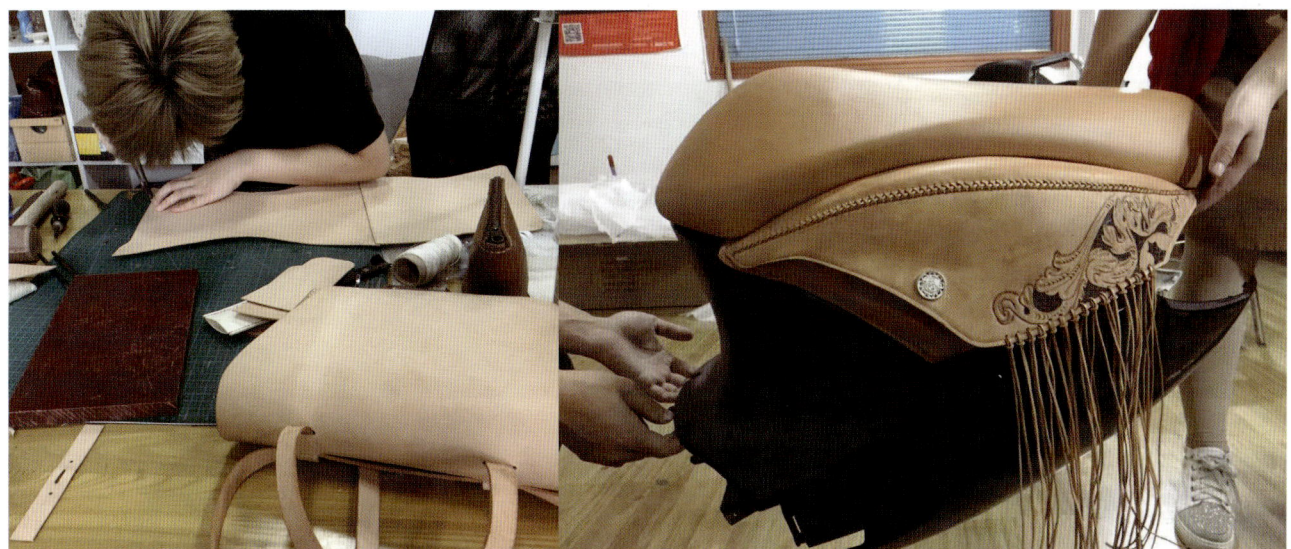

4.4

"DIGITAL"城市助动车开发项目

项目要求:

上海优递特电子科技有限公司与上海工艺美术职业学院数码艺术学院成立了产品数字营造实验室,全面启动车辆的外观个性化设计、车架定制、产品试样、应用程序开发、网络数据平台的开发工作,并对全过程进行记录,编撰成教材,为顺应时代发展培养创新人才,为"中国智造"提供人才储备。设计开发流程规划:以互联网为依托,利用数字化、信息化技术建立产品数字化模型,将其充分应用在设计与工程、测试与验证、制造与生产、销售与营销以及数据管理五个阶段。

项目类别:

助动车设计开发。

项目团队:

上海工艺美术职业学院数字营造实验室(指导教师:陈洁滋、向进武、王明政)。

研发方式:

校企合作。

项目周期:

6个月。

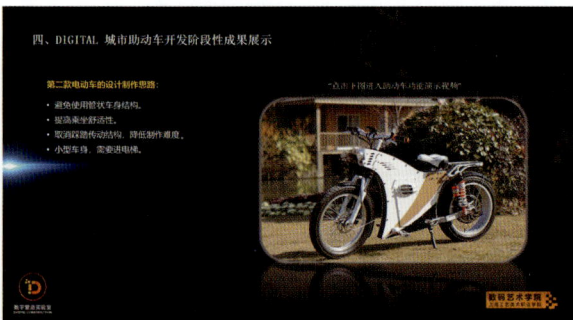

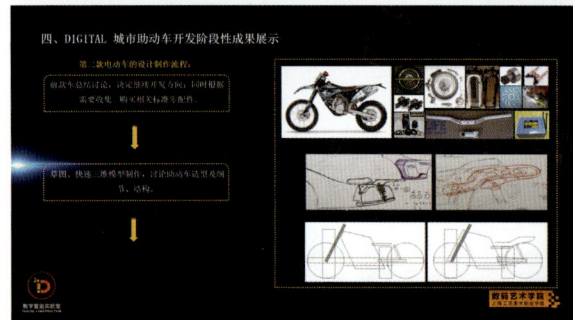

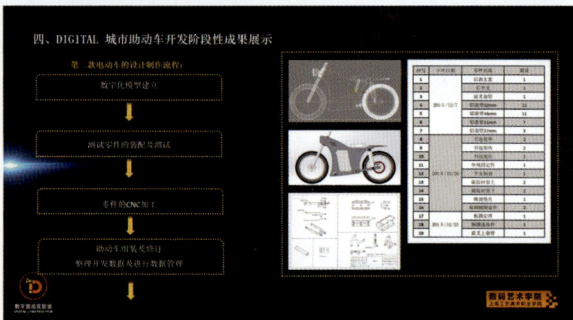

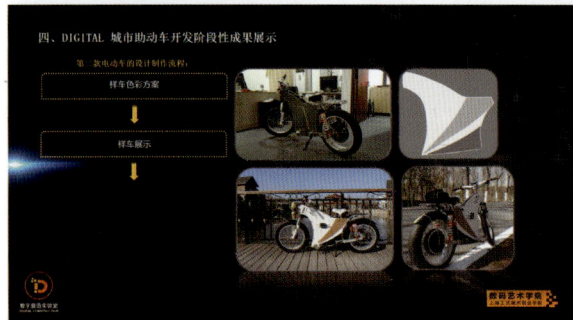

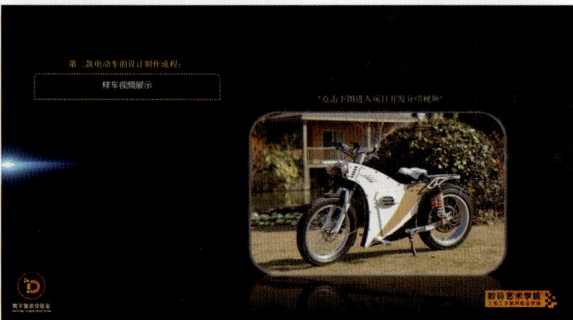

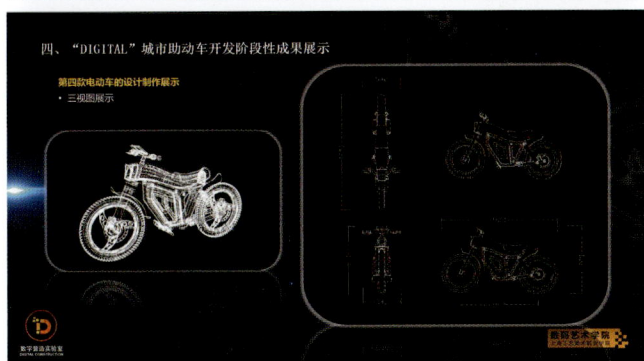

仿复古蕾丝 S925 纯银首饰系列产品开发项目

项目类别：

首饰系列产品设计开发。

项目团队：

上海工艺美术职业学院 EVANS' 设计团队（指导教师：张渺）。

研发方式：

自主研发。

项目周期：

6 个月。

Victoria Altepeter
Dynamical Balance (Belt
7.5 X 7.5 X 3 CM
Silver, nickel; marriage of metal
PHOTO BY ARTIST

"朝代"中国民俗文化创意象棋产品开发项目

项目类别：

　　文创产品设计开发。

项目团队：

　　上海工艺美术职业学院数字营造实验室（指导教师：向进武）。

研发方式：

　　自主研发。

项目周期：

　　6个月。

参 考 文 献

［1］伏波 . 设计创意思维［M］. 北京：高等教育出版社，2015.

［2］向进武，张渺 . 产品三维演示动画设计与制作［M］. 上海：上海人民美术出版社，2016.

［3］叶丹 . 基础设计［M］. 南昌：江西美术出版社，2009.

［4］［日］佐藤大 . 佐藤大的设计减法［M］. 盛洋，译 . 武汉：华中科技大学出版社，2017.

［5］［日］Experience Design Studio 体验设计工作室 . 体验设计：创意就为改变世界 ［M］. 赵新利，译 . 北京：中国传媒大学出版社，2015.

［6］白晓宇 . 产品创意思维方法［M］.2 版 . 重庆：西南师范大学出版社，2016.

［7］陈华 . 不止情感设计 ［M］. 北京：电子工业出版社，2015.

［8］阿里巴巴 1688 用户体验部 .U 一点·料：阿里巴巴 1688UED 体验设计践行之路［M］. 北京：机械工业出版社，2015.

［9］［日］原研哉 . 设计中的设计［M］. 朱锷，译 . 济南：山东人民出版社，2006.

［10］赖声川 . 赖声川的创意学［M］. 北京：中信出版社，2006.

［11］丁伟 . 木马工业设计实践［M］. 北京：北京理工大学出版社，2009.

［12］郝滨 . 催眠与心理压力释放［M］. 合肥：安徽人民出版社，2009.